.com世代的生活便利情報指南

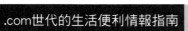

熊爸教你了解狗狗的心事

熊爸 著

作者序

七年前就有出版社找我出書，但被我拒絕了，因為我認為還有很多無法解決的問題存在於我們的環境，而外國先進的訓練也不能處理這些問題，因我們環境不同、文化不同；但在我吸收並轉換為我們自己的模式後，所有問題就解決了，而且是很容易就解決了，教出來的狗狗快樂又健康。這是一本我花了十五年心血所完成的書，有無數的狗狗見證，也感謝無數的狗狗幫助我成長；這是一本所有養狗或想養狗的主人，必看的書。

在這十多年的路上，我要感謝許多人與團體。感謝我的啟蒙恩師，戴更基醫師，感謝他的提拔與教導，提供我正確態度與觀念。感謝狗醫生協會陳秀宜理事長、寶貝狗協會劉素芳理事長，提供了我成長的環境與照顧。感謝治療犬協會葉明理理事長，時時鼓勵、時時督促。感謝日本 DINGO 新居和彌與石綿美香兩位負責人的教導，讓我成為國際認證講師。感謝國際訓練大師 John Rogerson 與 Terry Ryan 的課程訓練，更加開拓我的訓練視野。感謝知名電台主持人林清盛先生，一直督促書的進度。感謝好友寵物工園 PPARK 謝志恆老闆一路支持。感謝好友金逸倫先生、鄭卜元先生多方幫助。感謝皇冠出版社平瑩小姐，給我出書的機會。還有許許多多幫助過我的朋友，以及許許多多可愛的狗狗，你們永遠是我的動力。最後感謝我的家人，謝謝你們永遠在背後支持我。

在開始寫書的時候，我的狗狗熊熊的健康出現了問題，帶去醫院檢查後，發現在腸胃裡有一顆腫瘤，動了很大的手術。但因腫瘤與腸胃沾黏的情況很嚴重，所以無法摘除，當時醫生判斷熊熊最多只剩下三個月的壽命。但熊熊很爭氣，多活了半年以上，讓我賺到好多與牠相處的時間。感謝牠一路陪伴了我快十五年的時光，沒有牠就沒有現在的熊爸。

給熊熊的一封信

我最親愛的寶貝，熊熊寶貝，謝謝你一路陪伴我成長，陪伴我度過了無數的困難。大家都說你能有我這主人非常幸福，但這是錯的，我要說的是，我能有你這寶貝才真是幸福。非常幸運能遇見你，你總是認真地做好一隻好狗的工作，從不放棄，也從不埋怨，一直默默地守在我身旁，時常帶給我及家人、朋友快樂，甚至生病了從不偷懶、不休息。如今你離開了，雖然內心非常地不捨，但我相信你的精神永遠留下。你是一隻平凡的狗，卻做著不平凡的事，謝謝你一路陪我走來，用生命守護我的笑容，我也會帶著你的精神繼續努力下去，謝謝你，熊熊！

謝謝你一直陪在我身邊。

熊熊，你是妹妹最棒的專屬保鑣！

熊爸與熊熊的快樂時光

生活中的一切都有你們！

拍攝全家福，你們當然也要一起入鏡！

如果沒有你，就沒有今天的熊爸。

目錄

熊爸訓犬第 3 招：動作訓練遊戲

熊爸訓犬第 4 招：玩玩具

熊爸訓犬第 5 招：玩嗅聞、尋寶的遊戲

熊爸訓犬第 6 招：休息

熊爸訓犬第 7 招：結紮

熊爸訓犬心法第 1 式：獎勵

熊爸訓犬心法第 2 式：啟發思考訓練

狗狗的生活管理

養成良好的生活習慣，
就是最佳的訓練之道！

不藏私！熊爸訓犬大法大公開

每一位訓犬師，都有自己的一套訓練方法，就像學武功的人，各門各派各有本事，就算是同門師兄弟，也會在實戰經驗中磨練出屬於自己的獨門功夫，擁有自己的一本武林秘笈。

有一天，我在學生家上課時，突然身體不舒服需要休息，學生細心地詢問之後知道，我的身體非常不好，常常頭痛、胃痛，又有過敏與氣喘問題，常生病感冒，總是吃藥打針過日子。學生好心地介紹一位養生的老師，讓我去上養生課程，我就抱著不妨一試的心態去上課。養生第一堂課，老師開始教我們養生，比如吃飯該如何吃，何時該上床睡覺，如何保持心情愉快，該做什麼運動活動，最後說了一句：「老實練養生。」就這樣，我按照著養生大法實行；神奇的是，我的身體慢慢變好了。

大家一定會好奇，這故事與訓犬有什麼關係，就讓我來解釋。

在十幾年的訓犬經驗中，我經歷過很多不同的階段，從一開始學習到的軍事訓練，嚴格教育狗狗一個口令一個動作；到之後徹底推翻處罰教育，完全採用獎勵的方式，反而能教出乖巧自信的狗狗。

隨著訓犬觀念的進步，我的上課對象，早已經不只是狗狗本身，而是開始教主人如何好好對待自己的狗，如何養出一隻身心健康的狗。當狗心情好，就什麼都好；狗狗心情不好，就什麼都不好。老祖宗大禹治水，不是用防堵而是利用疏導，所以絕對不是狗叫就處理叫聲問題，不准牠叫；亂咬東西就處理亂咬問題，到處塗辣椒防咬；亂大小便就帶牠聞大小便修理牠，然後關廁所……這完全是錯誤的。

訓犬的境界，也已經不只是為了教會狗狗坐下、趴下等等的指令與動作，而是在強調人狗之間的互動、感情的交流，並追求狗狗的身心健康。所以，我愈來愈常在上課和演講的場合，分享「熊爸訓犬大法」，也就是提倡「為狗狗養成良好的生活習慣，就是最佳的訓練之道」的觀念。這不只是為了訓練一隻聽話會耍把戲的狗狗而已，我們更是以人狗快樂和諧為目標，因為牠是我們的家人。

身為一個資深訓犬師，我的生命曾和無數的狗狗交會，看見牠們和各自的主人擦出不同的火花。每一隻問題狗狗的背後，都有一個導致牠出問題的主人與環境。如果這些問題，只是不聽話、難教養，都還是小事，我最不想看見的就是，因為主人的錯誤觀念，造成狗狗嚴重的行為偏差、心情壓力過大，甚至讓健康亮起紅燈，最後可能導致狗狗被遺棄的結果。

了解狗狗的身心問題

我們身體不舒服會去看醫師，但是狗狗不會說話，牠的身體狀況、情緒問題，需要主人細心觀察牠的生活作息，是否有什麼變化。當牠突然不好好吃飯、不願意散步、看起來無精打采、不乖不聽話，這些都是身心不健康的警訊！偏偏很多狗狗平時就不好好吃飯、沒有良好的休閒活動，也對主人愛理不理的……所以，主人根本看不出來牠跟平時有何不同。

身心的健康要從平時做起，養成良好的生活習慣就是最好的訓犬之道。狗狗的生活作息都掌握在主人的手上，必須由主人為狗狗做好生活管理這件事，讓牠的心情愉快、身體健康，這就是訓犬的基礎。

當狗的心情不好、壓力大時，牠會找方法抒發，例如吠叫、破壞物品、亂大小便、挖洞，嚴重的甚至會出現自殘行為。

我不斷強調，平時就要做好狗狗的生活管理，安排良好的休閒活動。生活管理沒做好、沒有休閒生活，即使狗狗的健康還沒出問題，行為就已經出現嚴重的問題。

「熊爸，我的狗是破壞王，鞋子、抱枕都被牠咬爛，我怕房子也會被牠拆了……」

「熊爸，我的狗整天亂吠、亂撲，鄰居一直來抗議……」

「熊爸，我的狗隨地亂尿尿，我都快瘋了！」

「熊爸，我……我的狗竟然咬我！」

「熊爸，我的狗※&%#……Orz」

解決這些問題狗狗的疑難雜症，並非頭痛醫頭、腳痛醫腳，找出問題的源頭才能真正幫助狗狗矯正問題行為。狗並不會找主人麻煩，牠們大部分的問題都是心情不佳和壓力過大的反應，而這些往往跟生活管理息息相關。

我常說，狗狗的問題，通常是主人的問題。先把狗的生活管理做好，好好養生，很多的問題行為自然就痊癒了。

狗狗就像是我們的家人一樣，為牠的身體及心情狀況把關，是每位主人的責任。

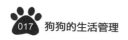

當我們在抱怨狗不乖時，先要求自己從日常就確實做好牠的生活管理，食衣住行育樂兼顧，培養良好的生活習慣與休閒生活，狗狗就會活得更健康，也更快樂，跟主人關係更好，問題行為自然就減少了。

狗狗的心情和壓力對健康的影響有多重要？在人類醫學上已經得到證實，狗狗也是一樣。我曾經教過一隻貴賓狗，我看到牠時，牠的毛髮稀疏（自己舔咬的），無精打采，我覺得相當心疼。和主人深談後，針對牠的狀況開始調整牠的生活方式，並用熊爸訓犬大法調養，沒多久，牠的心情變好了，壓力小了，毛髮也變得豐沛。這種改變讓主人大吃一驚，承認自己過去養狗的方式不對，也為自己和狗狗的改變開心。

這種結果，就是我最樂見的。如果你希望狗狗變好，自己要先願意面對問題，做出徹底的改變才行！

照顧小狗就跟養育小孩是一樣的道理，沒有小孩天生就什麼都會、什麼都懂，小狗也跟小孩一樣需要教育。很多主人說：「我的狗很乖，不用上課。」那麼，是不是我的小孩很乖就不用上學？帶狗狗去上一些訓練課程，平時給牠適當的生活管理，這不僅是為了滿足牠的生活需求，同時也培養了好的行為和習慣，才能養出一隻健康乖巧、快樂又有禮貌的狗，主人和狗狗也會因此建立良好的信任與默契，培養出更好的感情。

狗狗和主人的感情好，心情也會好，心情好身體就會好！健康長壽少病痛，這是每一位愛狗的主人心中最期盼的事情！要達到這個願望並不難，只要每日操練熊爸訓犬大法，假以時日，必有所成！

熊爸訓犬第 1 招：
散步

迷思 1：我的狗狗會自己在家乖乖上廁所，所以不用帶牠散步。
散步不只是為了讓狗上廁所，更是良好的休閒活動。

迷思 2：我這麼忙，哪有時間帶牠散步？
散步是最省時，對狗狗紓壓效果也最好的方式。

迷思 3：我家空間大，狗狗的運動量夠了，不用特地去散步。
散步的目的，是要讓狗享受當狗的樂趣，不只是運動而已。

你家的狗有好好「散步」嗎？

訓犬第一招就是「散步」。

這也是我認為最重要、最先要做好的一件事。並不是因為我自己特別喜歡帶狗散步，而是我在都市裡看過太多狗狗，因為沒有好好散步，導致身心不健康。

帶狗狗去「散步」，就是大家所謂的「遛狗」，聽起來好像是很平常的事情，但其實很多主人並沒有做好散步這件事。我所謂的散步，是讓狗能輕鬆自在地到處走走、看看、聞聞的活動，不只是為了讓牠上廁所，或是維持運動量而已。

我聽過很多主人說：「我的狗很聰明，牠都會自己去廁所尿尿，所以不用每天遛牠。」狗狗會乖乖地去家中某個固定的地方尿尿，確實很棒！但這不表示就不需要帶牠去散步。一隻沒有好好散步的狗，很可能成為問題狗狗。一、兩歲的年輕狗狗，可能只是亂尿、吠叫、挖洞、挖牆壁、亂咬東西，等到三、四歲之後，以上行為可能已經無法有效抒發壓力，這時就會出現其他更嚴重的問題行為，例如舔咬毛、容易緊張、焦慮、飲食不正常，甚至身體狀況愈來愈差，壓力很大。相反的，每天散步的狗狗，通常都是肢體放鬆、笑口常開、心情穩定，沒什麼煩惱和壓力。

主人可能會很不解，為什麼狗狗會有壓力呢？「牠們不用上班，不用被老闆釘，沒有業績壓力；每天在家裡吃好的、住好的、用好的，而且我那麼愛牠，到底還有什麼好不快樂的？」

這完全是以人的立場出發的想法，狗有狗的身心需求，還要適應人類複雜的生活，並且有許多需求都被壓抑甚至剝奪了，同時，人類的情緒化、太過忽略或太多關注、錯誤的打罵教育、處罰等等，甚至幫狗洗澡、美容也都可能造成狗的焦慮和緊張，成為壓力來源，就連主人起身上廁所都有可能造成狗的壓力（當你突然起身，牠會因為不知道你要做什麼而精神緊繃）。壓力的累積比抒發的速度更快，而壓力既然難以完全避免，紓壓就成為很重要的工作。

狗狗的休閒生活中，最容易達到紓壓效果，讓牠心情愉快的事情，就是「散步」。我在矯正那些攻擊行為狗狗的第一項藥單，就是散步。只要散步做好了，壓力跟情緒有關的問題都會很快改善，自然也就不會產生那些因為壓力問題引起的行為問題。

有一個學生，養了一隻四歲的貴賓狗，牠每天都會在沙發上，甚至床上大小便，主人一直覺得是沒教會牠上廁所的問題，希望我能教他家狗狗大小便。但是其實牠只是心情不好，整天在家沒事做，壓力慢慢累積沒有抒發，就利用大小便來紓解壓力。當他們上完第一堂課，才開始散步一天後，這個學生就傳簡訊給我說牠好了，已經一整天沒在家亂大小便。這並不是因為都在戶外上完廁所，所以才沒在家亂上，而是把壓力抒發後，心情愉快，這隻貴賓狗也從此沒有再亂尿了。

遛狗的主要目的是為了讓狗狗能紓發平時累積的壓力。當牠心情輕鬆了，自然就減少「闖禍」的頻率了。

狗的行為直接反應心情，當牠心情不好或有壓力時，就會尋找紓壓管道讓自己心情好一點，或是用一些方式得到主人的關注，例如主人從門口離開了，狗狗因為跟主人分離而產生壓力，所以就在門口徘徊，直到尿了一攤尿之後心情就好多了。這時，很多主人就會解釋：「牠是故意的啦！每次不帶牠出去，牠就故意在家亂尿尿……」

所以每次去學生家時，我都會巡視一下家中環境、牆角和家具，看看有無尿痕、咬痕，藉此觀察狗狗有無紓解壓力的行為，如果沒有，也不見得是好現象，那表示牠可能把壓力都悶在心裡，很容易產生其他更嚴重的行為問題，如啃自己的手腳、咬尾巴、舔毛、不吃飯、吐拉……等等，更讓人擔心。

我教過一隻每個月會吐、拉，嚴重還會拉血的吉娃娃，牠看了很多獸醫都找不出病因，最後被轉介到我這裡來。主人一見到我就說：「牠很乖，從來不亂叫，也不亂大小便，不破壞、不亂咬東西。」但我一看就覺得牠問題很大，深聊之後發現，主人因為工作關係，經常出遠門。牠只要看見主人收拾行李，就開始焦慮，不吃不喝，然後開始吐、拉肚子，嚴重就拉血。

經過訓練三、四週後，我問主人，有聽到狗叫嗎？主人說：「沒有耶！」我說：「好，沒關係！」但過了一週，上課時主人就說：「熊爸你好準，上次你問完，隔天狗就開始狂叫了！」我覺得非常好，因為牠開始會表達了，懂得把情緒抒發出來，之後，再經過幾週的調整與訓練，就沒有再發生吐、拉的症狀。

一天至少散步兩次以上

散步是讓狗心情愉快的最簡單方法，如果不帶狗散步，那麼就得要花更多時間陪牠玩，才能達到相同的紓壓效果。

經常聽到飼主說：「我沒時間天天帶狗狗散步，但是我假日都有帶牠出去玩，把平時的散步量一次補回來。」或是說：「我下班後有空，可帶牠散步一小時。」這樣是不對的！就像是我們每天要睡覺八小時，難道可以平日不用睡，假日一次睡五十幾個小時，把睡眠補回來嗎？

我要強調的是，狗狗每天至少要散步兩次以上，每次起碼要花半小時到一小時以上，有些狗狗可能次數要更多才能達到基本需求（不同品種需求也不同）。很多人一聽到「起碼要花半小時到一小時以上」就嚇到了，覺得根本是不可能的任務，如果你每次散步達不到這樣的時間，次數就必須增加到三次以上。

請注意！我現在說的重點在於「次數」，而不是散步多久或散步多遠。

一天三次的散步，並不在於一定要去到多遠的地方，或花多久的時間，如果你真的忙碌沒時間，就算一次僅僅花五分鐘也好，不見得一定要特地帶狗去公園或有草地的地方，只要出了家門，讓狗狗在附近左邊走走、右邊走走，就能算是完成一次散步。在牠的邏輯中，出門一趟就算一次，一天能有三次以上的散步，對牠來說是非常開心滿足的事。就算是下雨天不想淋雨，只是帶牠到門口看看，牠也會覺得這算是一次散步。

不要擔心散步會把你的時間卡死，只要抓出自己方便的時間，不一定要很準時。狗的生理時鐘很準確，只要時間一到就會開始期待，如果每天都是九點散步，牠八點多就會開始興奮，這可能會讓牠情緒起伏比較大，而且一旦某天無法準時帶牠出去，牠就會感到挫折失落。

所以，每天早上只需要早起個五到十分鐘，下班時再挪個五到十分鐘，晚上睡覺晚睡個五到十分鐘，花一點點時間帶牠出去走走，這樣就輕鬆做到一天三次的散步了，算一算一天也沒花多少時間，可能只是十五分鐘而已！

如果連這一點時間也擠不出來，那飼主真的要認真想一想，自己到底有沒有時間可以養狗呢？散步是為了滿足狗狗的需求，並不是為了主人的需求。如果連花這一點時間帶狗散步都做不到，那或許不如不要養，因為，不能外出散步的狗狗實在太可憐了。說真的，帶狗散步，連主人都賺到了健康。

散步是社會化的一部分

小狗大約四個月大之前，就要開始帶牠出去散步，這個階段也是小狗學習社會化的黃金時期，外出散步可以訓練牠適應環境的能力。

幼犬打完第一劑預防針大約七到十天後，就可以開始帶牠出門，只要注意不要讓牠跟不認識的狗玩在一起，也不要去環境太髒亂的地方，基本上都是安全的。

請不要擔心小狗的抵抗力不夠，打完第一劑預防針大約七到十天後，一定要帶出去見見外面的世界。小狗在四個月內所學習到的事，牠會永遠記得，如果超過了這個時間，大約等於人類五、六歲的年紀，訓練社會化的黃金期就過了，社會化的問題也會很難處理，牠的適應力開始減緩，性格也大致定型。

而且一旦錯過這個黃金期，要讓待在家裡的「宅狗」出門，就要花更多工夫。牠可能會一出門就異常地興奮或緊張，亂叫、暴衝，甚至不敢出門。但也千萬不要因為這樣子，就放棄帶牠去散步！

有些狗狗出門會緊張亂叫，那就先讓牠叫吧！如果因此牠的心情會好點，又有何不可？頂多主人臉皮厚一點，帽子壓低一點，態度低調一點就好了，絕對不要牠一叫，就處罰打罵牠，這可能只會讓牠愈叫愈厲害。

慢慢地，環境開始引起牠的興趣，牠也開始適應環境後，就比較不會沒事亂叫了，狗狗自己會在機會教育中體會和學習。

有些比較少出門的狗狗，一到戶外就會緊張，主人可以先帶狗狗在家門口散步，走幾步都好，慢慢讓牠適應出門這件事。

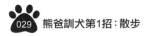

散步必做的事

我看過很多飼主根本不讓狗狗落地，出門就一直抱在懷裡，或是全程放在推車裡，就算放下來走路也還穿著鞋子，這都剝奪了狗的快樂，其實牠們散步時可以順便磨磨趾甲，所以走走路是讓狗狗很開心的事。有一次，我參加了小型犬的聚會，裡面竟然有一大堆從沒落地過的狗狗，實在讓我太驚訝，難怪台灣的小狗推車賣這麼好。

如果這也不准玩、那也不行碰，一尿完尿就帶走，出門不落地，不讓牠自己走路，這樣根本就不算是散步。在散步的過程中，必須讓狗狗做以下幾件事：

有很多主人非常寵愛狗狗，讓牠們坐在車裡逛大街，其實狗狗的心裡是很想下車走路的呢！

①讓牠好好嗅聞

狗鼻子天生靈敏，喜歡嗅聞是狗的天性。在嗅聞的過程中，牠會立即得到愉快的感覺。光是住家樓下就有很多味道可以讓牠聞，所以，根本不需要特地跑去公園。但並不是一路上都讓牠隨便嗅聞，而是由主人決定地方。主人在散步時可以利用牽繩控制，不要讓牠邊走邊聞，直到抵達你決定的地點之後，再讓牠好好去聞。

當牠在嗅聞時，可以給些口頭稱讚，像是「好乖喔！」之類的，鼓勵牠去感覺環境所帶來的刺激，並享受這個過程。別擔心這個髒、那個不乾淨，尤其當牠去聞其他狗狗的大小便時，就讓牠好好聞吧！

②讓牠在戶外大小便，牠會有快樂的感覺

散步是訓練狗狗正確地上廁所，讓牠不要在家亂便溺的最好方法。

狗的天性是很愛乾淨的，牠們不喜歡在自己居住的環境附近排泄，通常會跑到離窩遠一點的地方。如果能夠養成在戶外上廁所的習慣，牠們就比較不會在你不希望牠上廁所的地方亂尿尿、便便。

在戶外上廁所，表示狗正處在放鬆的狀態，對環境也很適應，這是讓牠心情很愉快

的事，就算是那些已經被訓練在家中固定位置大小便的狗，散步時也要讓牠能在外面尿尿、便便。如果一出家門就不敢大小便，那表示牠對外在環境比較敏感，容易緊張，這時應該試著鼓勵牠在外面上廁所，讓牠對環境的適應能更好。不會在外上廁所的狗就是不會散步，主人很難帶牠們外出遊玩，有一天一定會成為問題狗。

飼主記得要隨身攜帶撿便用的工具，如果狗狗有到處尿尿做記號的習慣，也要選定合適的地點，不要因此造成環境問題。

③小心處理舔、咬東西

曾經有一隻黃金獵犬的飼主來求救，說他的狗有怪癖，特別喜歡吃菸蒂，每次只要發現菸蒂，就抓狂地衝去吃掉。後來我觀察發現，牠根本不是愛吃菸蒂，而是在表演吃菸蒂給主人看，邊吃邊搖尾巴等著主人來搶（主人還真的乖乖地去搶）。

如果狗狗舔咬地上的東西，只要是沒有立即的危險，例如，玻璃或有毒的物質，基本上都不要馬上緊張地禁止牠，避免狗狗感覺得到了主人關注，而產生被獎勵的錯覺。

通常狗狗在散步時會撿到的東西，多半是檳榔渣、菸蒂、石頭、草……這些東西根本不好吃，所以牠碰過一次，多半不會再吃，以後也不會再感興

如果狗狗在散步時舔咬地上的東西，主人只要淡定地繼續走，或稍微拉高牽繩，狗狗就會吐掉囉！

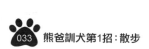

趣。如果主人的反應是立刻把東西搶走，這樣通常會產生兩個結果：一是牠立刻吞下去，以免被人搶走；二是有護食動作，咬你一口，因為，「主人要跟我搶，這個東西一定很好吃」。

如果希望牠吐掉，可以立刻帶著牠繼續往前走，或把牽繩固定高度。對狗來說，邊走邊吃有點困難，牠自然會把東西放掉。請記得，當狗狗吐掉或不小心放掉，請給予大大的讚美獎勵。

還有一個小撇步，就是在散步時隨身帶一些零食，不定時地餵牠吃，讓牠覺得你隨時可能會給牠食物吃，這樣牠就會習慣把嘴巴空著，不會去亂咬地上的東西。小訣竅是：不要每一次看到狗狗吃其他垃圾時，就拿食物誘導牠放下嘴裡的東西，這樣會讓牠以為每次亂咬東西，主人就會拿食物跟牠來換，反而會造成反效果喔！

散步中不時給點零食，並且和顏悅色地稱讚牠，也會訓練狗在散步過程中，乖乖地跟在主人的身邊，不會亂跑。同時，狗願意在外面吃東西，表示牠心情很放鬆，散步加上食物，是讓狗狗很開心的組合。

④找個地方獎勵、看、聽

如果環境適合，找個地方停留一下，讓狗在外面吃正餐也不錯。可以找一個路口或便利商店門口，或者校門口，讓牠看跟聽，也可好好地消耗狗的體力喔！

⑤散步是很好的運動

狗狗也是需要運動的，且因品種不同需求也不同，但不是做急衝快跑的運動，頂多是簡單的小跑步，所以不要騎腳踏車或騎機車遛狗，非常危險，狗狗很容易受傷。一般的狗狗一天需要走上五到六公里以上的路程，但像邊境牧羊犬類的狗，能走上八十到九十公里路程。所以有時間或機會的話，可帶狗狗多走走，行為愈躁動的狗愈需要，當牠滿足需求時，肯定情緒就能穩定多了。

散步的意義，是讓狗可以走出門外好好當一隻狗！用牠的腳掌踏實地去踩踩地面，用牠的鼻子去聞聞各式各樣的氣味，讓牠本能地尿尿、便便標記地盤，讓牠有機會用狗的角度對這世界進行好奇的探索，讓牠盡情享受當一隻狗的樂趣。如果狗在散步過程中獲得滿足，有時候不到五分鐘，牠自己就想回家了。每天帶狗狗好好散步三次，一星期後，就會發現牠情緒穩定很多。

散步的狀況應變

散步是讓狗狗紓壓的好方法，卻是某些飼主壓力的來源，因為他們太擔心無法處理散步時會碰到的狀況，而在整個過程中都處於心情緊張的狀態。其實，根本沒有必要！我要送給飼主們一句箴言，那就是「放鬆」！

在散步過程中，我們確實可能會遇到很多突發狀況，飼主必須學會用淡定的態度來處理，處變不驚，讓狗狗穩定從容地完成散步的過程。

散步時若是遇到其他狗，不要刻意逗留，也不要隨便牽你的狗去跟人家交朋友，就像我們也不會隨便在路上跟陌生人玩在一起吧？這時只需要很自然地把牠帶開，讓牠覺得遇見其他狗沒什麼可怕，也沒什麼好玩的，這樣一來，牠就不會過度興奮或緊張，也不會每次一看見其他狗，就要撲過去。

相反的，如果狗狗習慣了每次一遇見其他狗，就要停下來互動玩耍，那麼一旦主人不讓牠靠近對方時，牠可能會感到挫折或興奮而開始亂吠，情緒也會變得激動且失控。

散步是為了讓狗狗紓壓，保持好心情，而不是製造彼此的壓力。保持輕鬆自在，情緒穩定，才能帶著狗狗一起享受愉快的散步。

散步時遇到別隻狗的時候，一定要淡定處理，狗狗也就會覺得沒有什麼好玩的。不過如果狗打架時，千萬不要突然把你的狗抱起來，這樣很可能會引發另一隻狗跳起來咬狗，甚至咬到人。

讓狗在遇見陌生人或陌生狗的時候，能夠很穩定，也是一種「社會化」的訓練。如果你的狗社會化不足，牠遇到陌生人或其他狗時，可能會興奮或緊張地亂吠、狂撲，這時千萬不要在一旁大叫喝阻牠，或是突然拉扯繩子把牠拎起來，讓自己陷入混亂，也會嚇到狗，甚至加強到不好的行為，讓牠變得更加嚴重。只需要把繩子稍微拉住，讓牠和另一隻狗保持一點距離，自然地從旁邊走過去就好，或稍微繞路一下也不錯。等離開後，一定要稱讚或安撫，告訴牠：「好乖、沒事，有我在，不用怕，你可以不用叫的。」

萬一兩隻狗真的打了起來，把牽繩放鬆點，給牠有可以回擊或躲避的空間，這時拉緊繩子反而會造成自己的狗被對方咬。要阻止狗狗打架，可以同時去拉狗後腿、尾巴，讓牠們分開，千萬不要去拉脖環，這樣很可能會讓自己在混亂中被咬到。狗已經在攻擊時，主人不要在一旁尖叫，這會刺激狗狗更激烈地打鬥。

遇到流浪狗時，也不需要太驚慌，牠們通常比較沒自信，不會沒事攻擊別人，很多流浪狗攻擊事件，其實都是人類不小心造成的。避免四目相對，自然地走過去或帶狗狗繞路就好。

如果流浪狗主動靠過來，驅趕時注意不要嚇到自己的狗，也不要因此引起狗之間的紛爭。我建議可以帶把水槍在身上，用水槍噴牠們就會跑開了，或是在鐵鋁罐裡放石頭，大聲搖晃幾下，也有嚇阻效果，但要確定自己的狗狗不怕才能使用（可先在家訓練，讓狗狗習慣）。

散步務必使用牽繩

散步的原則是要「落地牽」。

一定要讓狗落地，腳踏實地，踩踏到地面，自己步行，才算是「散步」。

外出時，狗被抱著、揹著，或是全程坐在推車裡，不但沒法跟環境互動，享受散步的樂趣，也會讓牠一直處在不正確的視野高度，一旦被放在地上時，會非常不適應。狗的階級地位是以視線水平來區分的，如果小狗有一天突然被放下來，會誤以為大狗站在高處瞪牠，而感到緊張或生氣，容易引起衝突。

不管是小型狗或是大型狗，帶狗散步時，請務必使用牽繩。請永遠記住一件事，狗就是一個小孩子，我們帶小孩出門一定會牢牢牽著他們的手，同樣的，為了安全起見，不管你的狗有多乖、多會認路、多機靈，還是需要用牽繩帶著牠。因為環境的突然變化，不是你可以控制管理的。

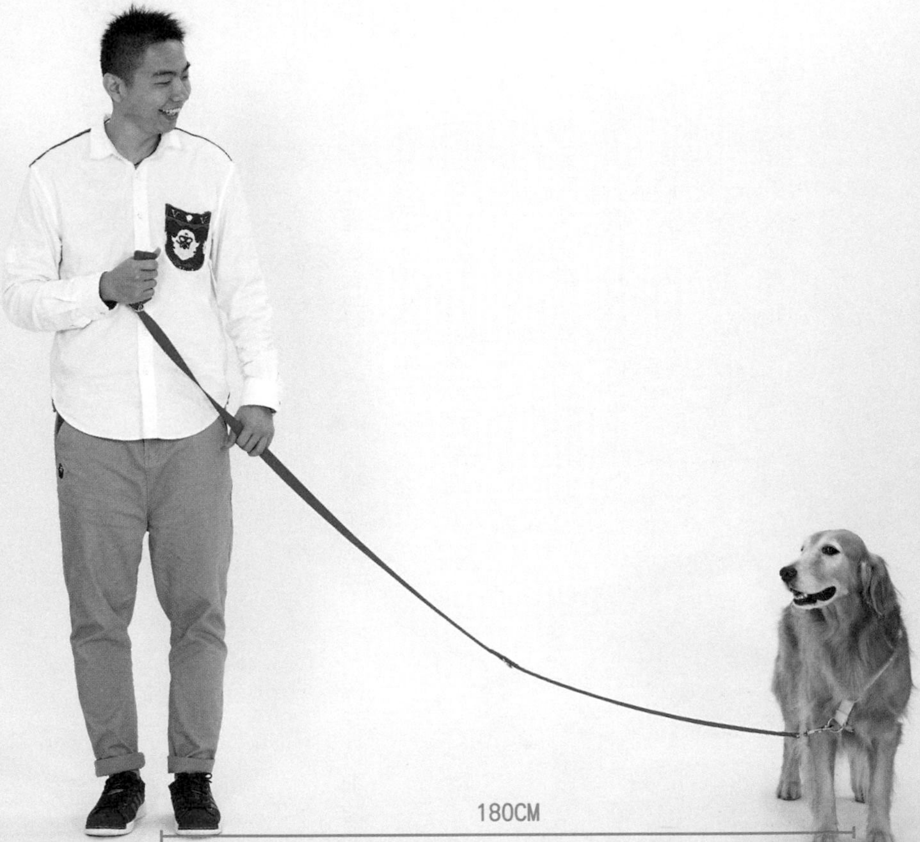

使用牽繩帶狗狗散步時，狗狗的活動範圍最好是在以主人的兩大步為半徑所形成的圓形內，主人較能掌握狗狗的狀況。

適當的牽繩長度至少要一百八十公分以上，這樣你可以隨時來得及收放、做出應變，狗也可以自由活動。如果狗跑太遠，只要繩子一拉緊牠就會停下來，維持這樣的距離就好。如果牽繩太短，就等於拎著狗走路，牠只能緊貼著你的腿邊，這樣既不能玩也不能聞，失了去散步的意義。在適當的範圍內，還是要讓狗狗盡情享受散步的樂趣。

我一再強調使用牽繩的重要，是因為有過切身之痛！

我的第一隻狗，也叫「熊熊」，牠是我在軍中養的，既聰明又乖，平時訓練很好，散步都會在我旁邊，根本不需要牽牠。

那一天，我們跟平時一樣散步完要回家，只要再過兩個馬路，我們就到家了，想不到這麼短短的路程，牠卻永遠回不了家。

那時我們正走過一個十字路口，這是牠每天回家的路，牠知道再過一個直角就到家了。過馬路時我眼看快要變紅燈，便小跑步過去，但另一個路口還沒變綠燈，牠卻沒發現我停下來，直接往家裡的方向跑，才剛踏出人行道一小步，我都還來不及叫牠，一輛超速的車子突然疾駛過來把牠整個撞飛出去。一隻十五公斤的狗騰空飛起，「砰」地掉落在對街地上，就在我的眼前。前一秒還活蹦亂跳的牠，下一秒就靜靜躺在路邊，動也不動，車主連停都沒停一下，呼嘯而過，只留下錯愕的我，和地上被撞毀的車子保險悍。牠是多麼乖的狗，每次我一叫牠就會馬上回來，但這次我連叫牠的機會都沒有……我回家後，抱著我媽媽痛哭，一直說是我害死牠的！直到現在，想到這件事我依然很自責，如果當時我是牽著牠過馬路，是不是就可以預防悲劇的發生？

我的一個學生曾經養了一隻活潑的臘腸狗，牠也一樣很乖，卻被不遵守交通規則的車子輾過去，當場慘叫了一聲就走了。主人離牠只有一步的距離而已，這麼近，卻也來不及救牠。

使用牽繩不是因為你的狗不夠聽話，而是因為外在的環境裡有太多突如其來的狀況，根本不是我們可以控制的。如果沒牽著狗狗，不只容易發生車禍，牠也隨時可能會去追經過的貓、老鼠或昆蟲，甚至被打雷、鞭炮聲嚇得亂竄……這都會讓牠處在危險的狀態。

牽繩不會讓狗無法盡興地散步，只要在牽繩鬆鬆的範圍內讓牠有自主權，可以妥協和溝通，且要好好地運用牽繩，不要讓牠暴衝拉著主人跑。

有些訓練師認為這是「遛狗」，不能變成「遛人」，一定要狗狗亦步亦趨地跟著主人腳側隨行。其實不必這麼嚴格，可以讓繩子鬆鬆的，人狗一起移動，只要讓牠在靠近人行道的那一邊就行，可以避開車子，會比較安全，但一定要避免狗狗自己左右亂跑。

很多人喜歡在狗狗外出時，幫牠穿上衣服。如果是為了禦寒，其實可有可無，狗有毛皮保護，應該不至於會覺得冷；如果只是因為覺得這樣很漂亮，而牠本身也喜歡穿，那也沒什麼不好。但是要注意不要整天穿著，這樣牠會沒辦法抓癢，很不舒服。

我覺得只有一種狀況是真的需要讓狗穿衣服，那就是比較容易緊張的狗狗，可以穿一種安定背心，這種背心能包覆狗狗的身體，會讓狗狗有被抱著的安全感，具有穩定情緒的作用；另外就是下雨天，也可以為狗穿上雨衣，避免把身體弄濕。不過不需要穿鞋，這樣狗狗才可好好磨趾甲。

散步玩耍時，不要怕狗狗被弄髒，因為當散步回家後，狗心情會非常好，這時牠會乖乖讓你幫牠梳梳毛，你可以邊梳邊稱讚牠並給一點零食，牠會覺得很舒服。梳毛是一種親密的接觸，很能增進彼此的感情，梳毛時也會把一些沙子灰塵梳掉，再幫牠擦擦腳，整理清潔一下，為這一次散步畫下美好的Ending。

熊爸訓犬第 2 招：
吃飯

迷思 1：狗狗不喜歡吃飼料，比較喜歡吃我的食物。
狗狗的味覺不好，是靠意識上的認知認為別人的食物都比較好吃。

迷思 2：我看狗狗都不吃牠的食物，怕牠餓才餵牠人類的食物。
狗狗挑食都是主人「寵」出來的，牠會學到：「只要不吃飯，主人就會來關心我，拿好東西求我吃。」

迷思 3：我沒辦法每天準時餵狗狗，只好讓牠一餐吃足一天的份量。
狗狗吃得再多，也只能消化吸收一些，其他的都排泄出來，而且很快就會餓，所以就把很營養的大便回收了。

吃飯訓練讓狗狗的身心都健康

「吃飯皇帝大！」自古以來，吃飯就被視為是一件相當重要的事情。

吃飯不只是為了果腹而已，享受美食確實會讓人心情愉快，狗也是如此。不管肚子餓不餓，大部分的狗狗都很愛吃，無論正餐或零食都能引起狗狗的高度興趣，這是讓狗可直接獲得滿足與快樂的方式。一般成犬一天至少要吃兩餐，如果牠都愛吃不吃的，那麼就少了兩次讓自己心情好的機會。

狗狗不肯吃或是吃太多，都是問題。吃太多會造成體重過重，影響健康，可以調整餵食的份量，比較好解決；如果是狗狗不好好吃飯，這往往就是身體不舒服的警訊。

狗的忍耐力非常強，當你看得出來牠身體不舒服時，通常問題已經滿嚴重了。平時都乖乖吃飯的狗，一旦一餐沒有好好吃，就必須趕緊瞭解原因，優先要擔心的就是身體是否出了狀況，因為，吃飯習慣良好的狗很少會突然因為心情不好、天氣不佳、菜色不優……等原因就要任性不吃飯。觀察狗有沒有好好吃飯，就是為健康把關的一個明顯指標。養成狗狗定時吃飯的習慣，飼主比較容易檢視出牠的身體狀況。

曾經有一個朋友，趁放假帶狗去海邊玩，狗狗第一天回家就不好好吃飯，主人以為是因為牠玩得太累了；第二天又帶牠去海邊玩，回家也是沒什麼食慾；第三天再帶牠出去玩，一回家就倒了下去，再也沒有起來……緊急送醫後，醫生認為極有可能第一天就已經中暑了，才會不好好吃飯，主人卻沒有把這視為警訊，錯失了救治的黃金時間。

有一位寵物訓練師養了一隻大型犬，牠平時吃飯就不太正常，有一天狗不吃飯，他以為是狗不乖，就決定不管牠，想乘機訓練牠一下。他原本想等狗真的餓了就會吃了，但連著幾天狗還是不吃，三、四天後，一早起來發現狗已經在半夜死亡了。雖然死因還不確定，但是牠幾天前開始不吃飯，極可能就是因為身體不舒服，這位訓練師事後非常懊惱，責怪自己竟然沒想到可能是狗狗身體出了問題！

吃飯訓練要趁早

一隻生活作息很正常，每天都開開心心吃飯的狗狗，多半身體都很健康，即使到了老年，身體也會比同齡的狗硬朗許多，一旦生病時，長期養成的好體質也會讓牠比較有本錢對抗病魔。

我的熊熊，就是一個例子。牠雖然已經十四歲了，在拉不拉多犬中算是高齡的狗爺爺，看起來卻比同齡的狗年輕許多，身體也比較健康。前一陣子，雖然檢查出內臟長了腫瘤，但因為牠平時都有良好的吃飯習慣，我就很容易觀察出牠的身體狀況，開刀後也恢復得特別快，連醫生都覺得很不可思議。

熊熊乖乖吃飯的好習慣，也是訓練出來的。牠以前很挑食，十幾年前我還沒有體會到好好吃飯的重要性，在牠小時候只要看牠不吃飯，就涮肉片來餵牠。但牠一點也不希罕，一副愛吃不吃的態度，一定要我用筷子夾起來餵牠才勉強給我個面子吃一下，搞得每次餵牠吃飯都得花上好多時間。

直到我開始學習到吃飯訓練的技巧，就開始訓練牠，只要牠不肯好好吃飯，時間一到，我就把狗碗收起來，一直等到下一餐吃飯時間到了，才會再拿食物給牠吃。這樣嚴格執行了兩天後，牠就再也沒有「耍大牌」了，每次都會乖乖埋頭把食物吃完，才會抬起頭。

曾有一位焦急的飼主來找我，因為家中的馬爾濟斯檢查出心臟和肝臟有問題，很難完全治療好，醫生強調除了醫療外，還要靠平時的身體調養，所以，一定先要願意好好吃東西才行。

這隻馬爾濟斯以前就來上過我的課，上課期間牠都很聽話，也按時乖乖吃飯，但回家一陣子後，又開始不好好吃飯了。我想，大概是回家後，主人又慢慢鬆懈了，放任牠回到以前的狀態。

生病本來就多少會影響食慾，平時很挑食的狗，生病的時候看到再好吃的東西，牠也不肯吃。不只飼主，連醫生也很擔心牠的狀況，

如果狗狗平時吃飯很正常，當牠突然不吃飯時，主人就能立即判斷應該是身體不舒服；如果狗狗平時對正餐就愛吃不吃的，主人就不容易發現牠身體的狀況。

再不好好吃飯，病情可能會惡化，但是牠還很年輕，不應該就這樣放棄牠。

一般訓練吃飯，只要飼主堅持個幾天，不吃就把食物收走，狗狗一旦真的餓了，就會乖乖吃，但是小型狗多半比較難挨餓，我曾看過一隻小狗，因為家人餵錯飼料，馬上導致牠血糖過低而昏倒。現在這隻馬爾濟斯才兩公斤重，又生病，更加禁不起挨餓，一般的訓練方式，很可能會危及牠的健康，讓人非常傷腦筋！

所以不要等到狗狗生病了，才來處理吃飯的問題，這樣會變得非常棘手，必須先諮詢醫生的建議，很小心地做特別訓練。訓練一旦碰到健康問題，一定是以健康狀態為優先考量，必要的時候也只能放棄訓練的機會。

看見這樣的例子，大家應該可以理解，為何我不斷地強調平時做好生活管理的重要吧？如果在平時就讓狗養成良好的習慣，生病時就比較不會有這樣的困擾了。

養成良好的飲食習慣，對狗來說真的是非常重要，這不只是狗狗的身心養生之道，又可做為健康狀況的觀察指標，既使生病時，也因為平時就有很好的飲食習慣，而更容易好好調養身體，能夠早日康復。

挑食是吃飯問題的主因

大家都有這樣的經驗，忙碌了一整天之後，最期待的就是一頓豐盛的晚餐，這經常被視為對自己最直接的犒賞。但如果主人想說：「那就準備好料的大餐給狗享受吧！」這想法是有問題的，狗的味覺很差，其實吃不出東西有多好吃，但思考意識很強，如果主人吃東西就順便餵牠，或不小心掉地上被狗撿到，牠就會告訴自己這樣味道才是好吃的，開始追求新的食物或更好吃的食物，那麼狗就會追求不完，因為對牠來說沒有更好吃的食物了。

造成狗狗不好好吃飯的原因，除了因為牠的身體因素，生病不舒服沒食慾以外，最主要就是因為主人不當的餵食而造成挑食。

狗狗的挑食問題多半是被主人無意間訓練出來的。如果剛好狗狗在某一個情境或狀態下，有一餐不好好吃，主人就開始擔心，馬上去看心愛的狗狗怎麼了，然後，找自己認為更好吃的東西來求牠吃。

狗是很聰明的動物，馬上就學習到：「只要不吃飯，主人就會很緊張地來關心我，拿好東西求我吃。」這樣的經驗，以狗的邏輯得到的結論就變成：「為了要得到主人的關心，我就不吃飯。我是為了主人才不吃飯的。」主人為狗狗絞盡腦汁準備各種美食來討好牠，但我要很殘忍地說句實話——這樣做根本是白費心思！因為，狗的味覺並不好，你給牠再好吃的東西，牠過幾天也不愛吃了，對牠來說，食物本身吃起來根本差不多，狗狗其實只是為了要得到你的關心，要你來哄牠而已。

牠們對於東西好不好吃的認定，並不是憑藉著味覺，而是以意識上的認定來界分的。在牠的認知上，主人吃的東西一定比較好吃，別人的東西也一定好吃，所以，狗狗經常會跟主人要食物，我常說，如果有一天，一家人在餐桌上用餐，碗裡裝的全是狗飼料，大家都吃狗飼料，然後不小心掉地上，又馬上去搶，狗一定超愛，因為「這是主人吃的，而且又跟我搶。」

如果同時餵兩隻狗吃飯，給牠們各自一個碗，牠們吃一吃就會去吃對方的，然後一直交換吃，因為狗總是以為別人的那一碗，比較好吃。

對於從小只吃飼料的狗狗來說，肉片可能還沒有飼料好吃。因為，狗飼料都是依照狗狗喜歡的味道和營養需求設計的，對牠們來說應該是最好吃的，主人不需要覺得狗狗只能吃飼料很可憐，要給牠一些特別的食物來寵愛牠，那只是情境上讓牠覺得一定更好吃，其實並非味覺。

矯正挑食的方法，就是只讓狗狗吃牠該吃的食物，不要給牠挑食的空間，只要牠真的肚子餓了，自然就會乖乖吃牠的食物。一般狗狗只要三天，就能改掉挑食的習慣，變成一隻正常吃飯的乖狗狗。

我曾經幫一隻拉不拉多矯正挑食的問題。牠算是一隻脾氣很拗的狗，撐了五天連一顆飼料都不吃，只願意喝水，真的耐力驚人，如果是一般狗狗，幾乎兩、三天就投降了。第五天的時候，主人很高興地打來告訴我，牠現在每餐都吃一大碗飼料。

這個案例是我這十多年教學以來，看過的唯一一隻超過三天（最終是五天）才吃飯，其他的三天內就投降了。

狗狗其實吃不出食物的味道，如果你今天給了牠一塊牛肉，牠在腦子裡就會把牛肉定義為好吃的東西；如果牠今天吃到的是胡蘿蔔，牠可能也把會胡蘿蔔定位在牛肉等級的美食。

挑食的狗背後都有一個溺愛又心軟的主人！一看到狗不吃飯，就生怕心愛的寶貝被餓到，開始猜牠不吃這個是不是因為更想吃什麼，就一直換更好的東西來試試看。

小孩子也常常是如此。我家女兒兩、三歲時，也開始不好好吃飯，餵小孩吃飯常是家長最頭痛的事。我老婆每次都要恩威並施、三催四請，女兒才勉強吃兩口，餵一餐飯要耗上大半天的時間。有一次，女兒又不好好吃飯，我看見老婆收起碗，掉頭就走。當下我心想：「哇！真有魄力，做得好！跟我一起這麼久，是有學到一點。」但萬萬沒想到，老婆不知去哪換了一碗麵出來，問女兒：「那吃麵好不好？」我當場快昏倒！

結果女兒還是不吃，老婆又跑去買麵包、餅乾，她還是不肯吃，把老婆大人給氣壞了！我一邊安撫老婆，一邊跟她說：「不要氣了，這就跟訓練狗一樣，不肯吃就收走，等她真的餓了就會吃了。」想不到，老婆更生氣：「你女兒是狗嗎？那乾脆買個籠子給她住好了。」我心想：「好吧！那妳用妳自己的方式試試看吧！」

幾天後，狀況還是沒改善，老婆投降了，讓我用我的方法教女兒。我比對狗更嚴厲，她不肯吃，我不只是把東西收走，而是讓食物消失。我問女兒：「妳真的不吃？那爸爸吃掉囉！」然後，當著她的面把東西吃光光。這樣持續吃掉她的食物，到了第三餐時，我還沒開口，她就把湯匙搶過去，自己乖乖把飯吃完了。

但是，大家千萬不要學，因為這個方式有壞處。把她的東西吃掉其實是一種「處罰」，她從此以後都不願意跟我分享食物。每次，她在吃餅乾時，都願意分給媽媽、阿姨和其他人，就是不分給我，因為，在她心裡留下了一個負面印象，認為食物只要給我就會消失。當我問她：「冰淇淋給爸爸吃一口好不好？」

「不要！」

「餅乾呢？」

「不要！」

「麵包？」

「不要！」

「為什麼？」

「因為爸爸都吃很大口！」

「……」

狗食的選擇

人類烹調過的食物，對狗來說鹽分、油質、糖分都可能過高，很容易造成狗狗的身體負擔，造成肝腎功能的損傷，甚至有些食物還會引起狗狗食物中毒，造成難以彌補的傷害。因此，飼主必須選擇合適的狗食，避免吃到對健康有害的物質，也要讓狗攝取牠們所需要的營養成分。

狗狗食物的種類眾多，因應台灣養狗的環境，甚至亞洲人的飲食習慣，我個人比較建議以下的幾種狗狗的食物選擇：

①乾飼料

就是顆粒狀的乾狗糧，這是目前最普遍被採用的狗食，它是針對狗狗的需求調配，營養均衡，對主人來說也最方便，不需事先烹煮加熱，狗不會在食用時沾得滿臉都是，不會因為不小心掉落而弄髒環境，而且，想在戶外食用時更是攜帶方便。

唯一要擔心的是指示成分的安全性，也就是食材來源和製作過程的安全衛生，選擇有信譽的品牌會比較有保障，價錢高低倒不是判斷品質的主要標準，價格只是代表狗糧主要含肉量的成分多寡和來源，例如，是不是有機的，或是採用內臟製成……等等，至於其他的成分、內容其實都差不多。我的熊熊早期都是吃乾飼料，也不挑食，五百元一包的狗糧和三千多元一包的，都一樣吃得滿開心。

餵食乾飼料比較需要注意的是份量的掌握，它取用方便，很容易看狗狗愛吃就一把把的追加，這樣是不行的，必須固定食量。包裝上食量與體重對照標示，未必適合每一隻狗，當作參考就好。我們可觀察狗的大便狀況，一般條狀的大便大在地上很好抓起，不會有些黏在地上，也不會軟軟的，就是健康的大便。如果大便不健康，那可能是吃太多或不合適。而且台灣因天氣炎熱，飼料很容易發霉長蟲，所以在保存上要非常小心。

乾飼料對狗狗和主人來說都是最方便的食物，市面上也有許多針對不同年齡（幼犬、成犬、老犬、哺乳中母犬）或健康狀況（減重、低敏、護肝……等等）而調配而成的處方飼料。

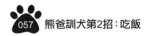

②鮮食

自然食，也就是所謂的鮮食，以新鮮的肉類、魚類、蔬菜、米飯為食材，依照符合狗狗健康標準的食譜，以適當的比例和烹調方式，特地為狗狗準備的狗食。

鮮食也是很棒的狗食，市面有賣做好的生鮮包，也很方便。想要自己料理的話，一次先做好一週的份量，冷藏起來再慢慢微波食用。重點是千萬不要按照自己的喜好和口味標準來烹調，那不但會造成狗挑食，也可能會影響牠的健康。有個主人每天都依照自己的想法烹調，為狗狗烹煮菲力牛排跟鱈魚排，但狗狗都不吃，每次上完課我都很想打包回家，只可惜不好意思。

食用份量可以依照狗的公斤數來分配比

如果想要幫狗狗準備鮮食的話，可以參考網路上專業的狗食譜，或是專業的狗營養食譜書籍。

例，如果牠只挑肉吃會吃不飽，所以就會連蔬菜、米飯都吃掉。這一餐若是沒吃完，下一餐的肉類和蔬菜比例也不要改變，幾次之後，牠一定會乖乖吃完整份你精心準備的愛心料理。

熊熊生病後，也都是我太太自己煮鮮食給牠，因為牠的腫瘤影響到消化系統，飼料已不合適，所以都是依照食譜來烹調。如果環境情況允許，我個人最建議鮮食，只要確定比例與份量，就可以經常為狗狗變換菜色，又能讓牠吃到新鮮食物。

③ 生食

所謂的生食，並不是指我們自己在市場買來，未經烹煮直接給狗生吃的食物，是狗專用的生食，必須經過專業程序，把不好的細菌處理掉。

這是一種比較新的狗食種類，在市面上可以買到生食的狗食，平時冷凍起來，要吃的時候先退冰，不需要烹煮加熱，退冰後，直接給狗吃就可以了。

生食退冰後會有一點血水，有的飼主買了卻不敢讓狗吃，但其實經過處理的生食是很安全且營養的，但單價相對也比較高。推崇生食者認為，未經烹煮的食物保有對狗狗身體好的活菌、益生菌，尤其對於皮膚不好、容易過敏的狗狗，可以有改善體質的作用。

以上三種都是常見的狗食，請依照狗狗狀況挑選牠可以接受，飼主準備起來也比較方便的某一項當作狗狗的食物，並不需要混合著吃，並且請諮詢獸醫師相關營養方面的問題。

千萬不要亂餵狗

從前人養狗常說：「狗什麼都吃，人吃剩的拿來餵狗就對了！」這是很落伍的錯誤觀念！千萬不要因為一時粗心亂餵食，導致難以彌補的遺憾！狗的身體構造和體質特性與人類不同，有很多人愛吃的東西，對狗來說可能是危險的有毒物質。有幾項絕對不可以讓狗吃的食物，一定要牢記在心！

① 巧克力對狗來說是毒藥，可能造成心臟病，有致命的危險。

② 葡萄也絕對不能給狗狗吃，會引起腎臟衰竭。

③ 洋蔥會造成狗嚴重貧血、敗血。

④ 大蒜會導致狗嘔吐、腹瀉，都是危險食物。

洋蔥和大蒜這兩項，經常用來當作食品佐料和其他食物混和在一起，是飼主最容易無意間讓狗吃到的危險食物。建議最好所有調味過的食物都不要讓狗吃到，對牠們來說太刺激性的食物都應該要避免。水果類除了葡萄之外，其他像是太甜的水果，也不宜讓狗吃太多。

古早人都喜歡給狗吃骨頭，那是因為過去物資缺乏，狗都撿人不吃的東西來吃，其實並不是狗本身愛吃骨頭。我強烈建議，別讓狗吃骨頭，很容易刺穿食道或割傷腸胃（這是經常發生的意外）。其他像生食、牛奶、水果類的櫻桃、酪梨、玉米梗等都不適合，玉米梗容易卡到腸胃而受傷。

當然，最安全的餵食方式，就是不要隨便給狗吃人的食物，讓狗吃專為牠們調製的狗食，那就萬無一失了！

不要亂餵狗吃東西這件事，似乎是很簡單的原則，但卻有很多主人經常無法遵守，總是抱著「有那麼嚴重嗎？」的心態，結果，一不小心就會害到了心愛的狗狗！

我的老師戴更基醫師曾看過一隻貧血、敗血來急診的狗，牠沒有其他會引起這症狀的病史，很明顯是食物中毒引起的，於是詢問飼主有沒有讓牠吃到不該吃的東西，飼主很肯定自己沒有亂餵食，但經過一一確認後，主人才承認，原來是餵了洋蔥炒蛋。洋蔥，正是狗狗的禁忌食物之一！

大多數的飼主都認為自己沒有讓狗亂吃，但其實，過於寬鬆的餵食標準，很容易就讓狗無意間吃下了不該吃的東西，危害到狗狗的健康，在我身邊就有這樣的例子。

我的大姨子家中的柴犬，平常都吃滷肉飯，雖然我常提醒她不要給狗吃這些東西，但她都認為狗吃得開心就好，有什麼關係，可想而知，這隻狗也被訓練得很挑食。有一次，牠生病了，就醫期間食慾不佳，連平時愛吃的滷肉飯也愛吃不吃，於是，我大姨子就拿麥當勞漢堡餵牠，牠雖然願意吃了，卻比不吃還慘！當天就嘔吐送醫急診，因為漢堡裡面的洋蔥，造成急性中毒引起敗血、貧血，送到醫院緊急輸血，差一點救不回來！雖然撿回一條小命，但肝腎功能都已經受損了，留下難以復元的後遺症。

這個教訓讓她有一段時間都不敢再亂餵，且堅定地表示：「我一定不會再亂餵了！」但隔了一陣子我又看見她拿滷肉飯來餵這隻柴犬，而且牠還是一副對正餐愛吃不吃的模樣，也是讓我昏倒。

我教過很多不好好吃飯的狗，成功矯正了這個問題，但一段時間後，又開始故態復萌了，這其實並不是狗沒被教好，而是因為主人往往很健忘，沒有徹底執行餵食的原則，又開始亂餵一些有的沒的，讓牠又開始變得挑食了。

狗狗吃飯的注意事項

有的狗不好好吃飯，有的狗卻吃得太多，過與不及同樣都會造成健康問題，那麼狗狗一餐到底要吃多少才是最適合的量呢？這其實沒有一定的標準，每個人食量不同，狗狗也是。

①吃飯的份量

餵食的時候，在狗碗中放入大概的份量，讓狗狗好好地吃十分鐘後，就可以收起來，試個幾天後就可以拿捏出狗狗大約一餐的食量。例如，先放一百顆在狗碗裡，若是十分鐘到了牠只吃了八十顆，那麼八十顆就是牠一餐的食量，若是五十顆那就是五十顆的量，如果五十顆都可以吃完，且體重沒有增加或減輕，那麼就是五十顆了。份量的拿捏可以一餐的平均值來當標準，若是早餐沒吃完就算了，剩下的量不用在晚餐時補上，晚餐還是給牠平時的份量，以免晚餐又吃得過多了。

餵食的份量可以先以狗飼料包裝上的標示當作基本參考，再定期幫狗狗測量體重；如果是發育完全的成犬，變胖了就表示可以吃少一點，瘦了就可再多餵一點，這樣就能找出最適合牠的份量。

② 吃飯的時間

吃飯時間一開始要固定，確定好吃飯的習慣和態度後，就要開始彈性地調整。例如，成犬一天要吃兩餐，那就可以把第一餐定在中午十二點以前，第二餐在晚上六點以後。

有一次，我跟一群狗友在聚餐，吃到一半，隔壁的狗友突然哭起來了，一邊吃飯一邊掉淚，我嚇了一跳，想說發生什麼事了。她啜泣地說：「我想到我家的狗還沒吃飯！」主人的壓力如此之大，我相信她家的狗狗也可能在想：「主人怎麼還沒回來餵我吃飯？」

③ 吃飯的次數

狗在不同階段，消化功能不同，餵食的餐數也要跟著做調整。

一歲以上的成犬一天基本上就吃兩餐，可以定在上午出門上班前，和下班回家後，各餵一餐。

如果每天吃飯的時間都太過精確，那麼一旦某些時候無法準時吃飯，狗就會焦慮，人的壓力也會很大。

小狗的消化系統還在發育，一次吃太多也無法完全吸收，需要少量多餐。四個月以下的幼犬，一天要吃四到六餐；四到八個月的小狗，一天要吃三到四餐；八個月到一歲之間，就可以一天吃三餐，然後最後變兩餐。小狗消化吸收的狀況可以從排便的情形觀察出來。如果你撿拾地上的狗便便時，地上會殘留一點霧氣，而且便便是整坨很好抓起來，不會黏在地上，那就表示這隻狗的吸收消化是很好的。

注意狗的體重和生長狀態，以及排泄的狀況，可以看得出目前的餵養方式，例如份量、餐數、飼料到底是否適合牠？需不需要做些調整？

減肥中的狗狗，可以減少每一餐的食量，而不是減少牠的餐數，平時吃兩餐一樣要吃兩餐，吃三餐的就還是要餵到三餐。這樣對狗來說，該吃飯時還是會好好吃飯，過程中慢慢把食量調整好，既不會影響到牠未來的吃飯習慣，也不會讓牠心情不好。

現代人因為上班時間長，無法餵幼犬多餐，就把一餐的份量增加。當然幼犬的食慾都很好，也都能吃完，但吃得多也只能消化吸收一些，其他的都大出來，且很快就餓，所以就把很營養的大便回收了，因此有了吃大便的行為。然後又在吃大便的行為中得到了滿足與快樂，就會習慣吃便便，所以飼養幼犬的主人，如果時間上有困難，可以使用自動餵食器，時間到了，會自動給食物。

簡單矯正狗狗的吃飯毛病

吃飯訓練的目的，是要讓狗狗能在固定的時間內乖乖吃完一餐的食物，並不是要以讓牠挨餓來當作懲罰，有的飼主誤以為吃飯訓練的原理就是「既然你不乖乖吃飯，我就故意餓你幾頓」，這樣的邏輯是不對的。

吃飯訓練的準則在於「讓狗有選擇的機會」，如果牠在吃飯的時間內（十分鐘）沒吃完或不吃，主人就可以把碗收走，但絕對不能以「不給牠吃」來做為處罰！好好享受用餐是狗的權利，提供足夠的食物和飲水，則是飼主對狗基本的義務！

狗狗就算這一餐不好好吃飯，到了下一餐該吃飯的時間，還是要按時提供牠足夠的食物，讓牠自己選擇吃或不吃。等待十分鐘之後如果牠不吃，就把碗收起來，不需要一直拿其他食物來求牠吃，這樣只會養成挑食的壞習慣；也不要硬逼牠吃，那只會讓牠更討厭吃飯。

這樣大概經過兩、三餐之後，大多數的狗狗都會肚子很餓，幾乎都會開始好好吃飯。這時只需要依照牠一餐的份量，讓牠好好享用這一餐就好，不需要因為之前沒有吃飯，就乘機把前面的量補回來，這是沒有意義的，因為過量的食物未必能好好消化，並

不論是挑食、吃太多、不愛吃飯，只要趁早為狗狗做好吃飯訓練，大部分的吃飯毛病都能立即解決！

且牠也未必會好好吃完。

吃飯訓練的基本原則，就是以十分鐘為一次用餐的最長時間，如果狗狗不到十分鐘就吃完了，非常好；如果牠吃完了還想要，也不用給牠，等到下一餐時再增加食物的份量，不然狗狗會覺得「只要我還想要，主人就會就一直給」，牠會變得沒有節制，與其這樣還不如讓牠更期待下一餐的到來，每一餐都保持想吃飯的慾望。

「沒吃夠就等下一餐再吃」，這樣的教育方式，會讓狗狗很認真地吃每一餐，讓牠學習到尊重牠的食物。狗狗懂得尊重食物，才會尊重主人！因為牠要活下去，就需要主人提供食物給牠，這種生活的依存連結，就是彼此關係確認的第一步。

採取無限制供應、隨時吃到飽的餵食方式，多半都會養出不聽話、不尊重主人的狗。對主人來說，要讓狗知道：「我愛你、養你，就會拿東西給你吃。」讓狗很確信你絕對不會讓牠餓到。

無論什麼狀況下，正餐都必須正常地供給，一定要切記，正餐不是獎賞性質的食物，零食才是拿來做為獎勵用的，所以，就算狗狗做了錯事，也不能不給正餐來當作一種處罰。

吃飯訓練除了讓狗好好吃飯，還有禮貌教育，要教狗狗等到主人把食物放好了，說：「開動！」這時才能開始吃，這是一種家教和禮貌的表現，但不要吃個飯，還要做很多的表演，不做到就不准吃，這是不可以的，只需要在狗做到時以口頭獎勵牠：「好乖喔！」並且鼓勵牠進食，耐心引導牠學習到良好的用餐禮儀。

吃飯的地點不需要特別固定在某個位置，只要不是牠平時會上廁所的地方，都是可以吃飯的場所。因為狗狗很愛乾淨，不會在排泄的地方用餐，這個特性可以運用在矯正尿尿、便便的訓練上，如果不想要牠在哪裡尿尿、便便，就可以讓牠在那個位置吃飯，牠下次就不會在那邊上廁所了。

吃飯是一件很愉快的事，會讓狗狗很放鬆。善用吃飯時間，可以順便矯正狗狗的一些問題行為，有機會的話，可以常帶狗狗去戶外吃飯，會增加牠對戶外的適應能力喔！

對於有人一靠近狗碗就抓狂、會護食的狗狗，就暫時不要讓牠用碗吃飯，可以撒在地上給牠吃，等牠開始吃後再悄悄離開，讓牠減少因吃飯而產生的焦慮。

吃完飯，狗狗多半會想喝水。狗狗的飲水，必須無條件地供應，除非醫師交代這隻狗有什麼健康上的顧慮，需要限制飲水，否則就可以準備充足的白開水，放在固定地方，狗狗口渴就會自己去喝。狗狗如果不愛喝水，就表示牠休閒活動不夠，口渴了自然就會去喝水。

飯後刷牙

狗狗是否需要刷牙？

我的答案是「ＹＥＳ！」刷牙可以減少牙結石，又能維持口氣清新，為了狗狗的口腔健康，最好能養成定期刷牙的習慣。

幫狗刷牙，其實沒有想像中的困難，只是需要一點方法和技巧。

我們可以在剛開始刷牙前，先試著練習輕碰牠的嘴邊，在摸狗嘴時給牠一點零食，讓牠願意慢慢把嘴打開。接著，就可以趁狗狗張開嘴巴時，順勢把牙刷伸進去刷一刷就可以了，然後一邊獎勵牠「好乖！」讓牠習慣並且喜歡刷牙這件事。

如果狗願意讓你扒開嘴巴，也接受牙刷時，就可以使用狗牙膏，用法跟人類刷牙時一樣，只是刷完後不需要用水漱口。如果狗不習慣牙刷，也可以用刷牙指套，或直接把紗布繞在手指上來幫牠清潔牙齒。

狗狗牙齒的一般保養，理論上跟人一樣，但狗其實不見得要天天刷牙，平時吃完狗糧後，只要喝水就可以有清潔作用。

如果已經有牙結石，光靠刷牙並不會消除，需要另外找醫師為狗狗洗牙。

如果狗狗從來沒有被刷過牙，一開始可能會排斥，不肯讓人扒開牠的嘴巴。主人可以先撫摸狗狗嘴巴及下巴，讓牠習慣嘴巴被碰觸的感覺。

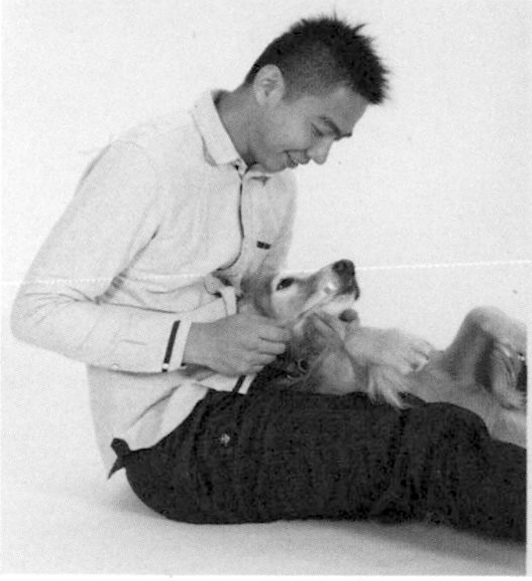

等到狗狗習慣牙刷的存在之後，可以在牙刷上塗上好吃的東西，例如花生醬、狗罐頭的肉醬、嬰兒食品的雞肉泥……等，當作牙膏，讓狗狗在被刷牙的時候，覺得像是在吃零食。

刷牙時，主人可以先將狗狗「喬」到舒服的位置，讓牠心情放鬆下來，再趁著狗狗舔食啃咬牙刷的時候，順勢刷一刷牠的牙齒即可。

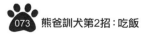

給主人的小叮嚀

吃飯訓練的技巧並不難，難的是飼主的執行力。訓練之所以不成功都是因為主人會心疼，很快就先投降，又開始用原本的方式來對待狗狗。

有一天，我接到一通電話說：「熊爸，拜託你救救我家的狗！」

我問：「怎麼了？」

主人說：「你不救我家的狗，牠就要餓死了！」

我很緊張地問：「妳家狗幾歲了？」

她說：「四歲。」

我當下就放心了一些，因為一隻快餓死的狗，活了四歲，也活很久了。我再問：「那牠是什麼狗？」

她說：「吉娃娃。」

哎呀！我又有點擔心了！因為曾有學生的吉娃娃只有一公斤左右，因前一晚沒有吃飯，隔天早上就昏倒了。我這時心中很緊張，趕快跟對方說：「快點帶來給我看看！」

結果，當我看到牠時，嚇了一跳！

哇！好胖的一隻吉娃娃。一隻四歲且滿胖的狗，主人卻說牠快餓死了！

原來牠真的正餐都不吃，一餐的量是以一顆、兩顆的飼料來計算的，還要邊丟邊玩才肯吃一顆。主人擔心牠營養不良，於是買了很多營養品給牠吃，光吃營養品，可能就飽了。這隻不肯吃飯的吉娃娃，在家訓練一週後還是沒有多大改善，我知道一定是主人沒有認真照著做，需要監督提醒一下才行。我請主人每天早晚都跟我通個電話，每天報告並調整餵食的量，這才發現，每次我請她餵幾顆，她就會自己往上追加，而且還會再多給其他食物。又過了一週後，狗狗的狀況整個改善了，可以一次吃到三十顆以上的量，主人也覺得很滿意，後面的課就沒來上完，我心想，大概已經都沒問題了。想不到一年半後，我又接到吉娃娃主人的電話：「熊爸！怎麼辦？牠又不吃飯了。」我先提醒她檢查一下狗狗的身體狀況，因為已經訓練好的狗，除非身體不舒服，否則是不會突然又不好好吃飯的；根據我的經驗，都是因為這段時間主人又沒有照方法來好好餵狗。這也是我常感到很無奈的地方，改掉狗的壞習慣並不難，難的是主人改不掉亂餵的習慣。

所以，我要在此叮嚀主人們，好習慣要維持下去，不然，花心思訓練完成的狗狗，很容易又會回到原本的問題點，一切又要從頭開始，那麼狗狗和主人過去的努力，不是都白費了？且狗狗的訓練就變得更加辛苦了。

熊爸訓犬第 3 招：
動作訓練遊戲

迷思 1：狗狗自己就會玩，我真的沒時間陪狗玩遊戲。

玩遊戲不只是訓練，也可以培養主人和狗狗的感情，一天只要花二十分鐘而已。

迷思 2：我又沒學過訓犬，把狗送去學校交給老師比較好。

訓練是主人的責任，不是老師的，不是把小孩丟到學校就好。

迷思 3：我的狗很乖，不需要訓練。

我的小孩也很乖，難道就不需要上學唸書了嗎？

不是靈犬也能學會動作訓練

大家一聽到「訓練」兩個字，可能就會退縮，認為自己不懂訓練，覺得訓練對狗來說是一種壓力，或是認為狗很乖了，所以不用訓練。其實大家都把訓練想得太複雜了！

現在我已經不太喜歡說「訓練」，或是所謂的「服從訓練」，我喜歡說「教育」或「教導」。我說的教育訓練其實是狗的一種休閒活動，也可說是遊戲，玩訓練的遊戲。

狗狗跟人一樣，並不是只要有吃有住就夠了，牠們也需要受教育，也需要在生活中有娛樂，而這兩者經常可以同時進行，「寓教於樂」就是訓練狗最快最好的方式。所以，我稱之為「動作訓練遊戲」，在玩遊戲的過程中，狗狗不但得到娛樂，也同時可以學到許多事情。

「動作訓練遊戲」其實是一種「能讓狗狗思考的遊戲」，大家不用太擔心自己的訓練技巧不好，因為重點在於主人和狗狗之間有互動，讓狗狗在玩耍中感到快樂。主人不需要太多刻意的引導，或是預設一定要達到某個訓練目標，這樣反而可以讓狗狗去思考：「主人希望我做什麼？」在遊戲訓練中狗狗會體會到，主人與狗之間的情感培養就是最好的獎勵。狗會在互動中學會接收主人給牠的訊息，主人也會更瞭解狗要表達的意思，培養出雙方共通的語言，無形中建立了良好的默契。

常有學員很驚訝地發現，自己的狗某一天突然就學會了某件事。這其實不是突然發生的，而是狗狗開竅了，牠開始懂了你要牠做什麼，也表示你們之間的溝通進步了。

主人與狗是要一起生活的，彼此一定要有相處的默契，這就是為什麼我要求主人要和狗狗一起上課的原因；若是只把狗丟給訓練師，狗狗在學校都學得很好，回到家時狗卻可能不聽主人的，這樣就失去送牠上課的意義了。主人一定要跟著一起學習，如何在家訓練自己的狗；若是過程沒有參與，狗和主人的感情怎麼會好？

訓練遊戲，可以讓狗狗獲得獎勵，但是重點不是為了讓牠學會才藝或技能。我常跟飼主說：「不用擔心教不好，但一定要自己教！」在這些互動之間，主人與狗狗的感情會增進，牠會覺得為你付出很開心，也消耗了很多精力，還學會了思考。

訓練時，不需要告訴牠什麼是不對的，只要在做對時獎勵牠。狗很聰明，如果牠做了某個動作，卻沒得到獎勵，牠就會換下一個動作；如果牠一做不到你想要的，你就立刻指正牠，反而會讓牠卻步，失去了學習的欲望。

現在很多動物專家學者都認為，狗不用訓練就會很乖，因為牠會學習並了解主人喜歡什麼。訓練中你教會什麼真的不重要，花時間和狗狗互動的過程才是最重要的！

對狗來說，一天中最期待的事，有時候未必是吃飯，而是主人能夠陪牠互動，這也是主人和狗狗培養感情最好的方式。千萬不要讓你的狗狗變成３Ｃ孤兒！

主人每天至少要陪狗狗玩二十分鐘，這其實一點都不難。每次玩耍不要超過十分鐘，一天玩個兩、三次就很夠了；就算一次只有五分鐘，一天四次就有二十分鐘了。

如果想要養狗，就必須花時間陪伴牠。很多人不是真的忙到沒時間，而是一回家就上網、打電動，忘了狗狗的存在。減少一點上網、看電視的時間，來跟狗狗玩訓練遊戲，這是很值得的一件事，因為在過程中，狗狗為了思考而耗費的精力，會是其他活動的七倍以上，也就是說，就算只花十分鐘的時間陪狗玩，對牠來說卻有七十分鐘的效果。玩訓練遊戲能夠讓牠消耗精力，也抒發壓力，牠的心情會非常好，也不會為了宣洩旺盛的精力而沒事就吠叫、破壞。

這些年，有不少想養狗卻沒時間陪狗的人，被我勸退而打消了養狗的念頭。我真的希望大家在養狗前先評估一下，自己有沒有能力給狗狗好的生活品質。有很多人不是沒有經濟能力，而是無法付出時間照顧，造成很多不快樂的問題狗狗。

教育訓練的重要性

玩訓練遊戲就是在教育狗狗，讓牠在接受你獎勵時，知道什麼是你喜歡牠做的事、你希望的狗狗是什麼樣子，這些都是家庭教育的一部分。如果你喜歡牠待在你旁邊，那麼當牠跑過來趴在你身邊時，就馬上誇獎牠，狗很快就會知道你喜歡牠這樣做。

曾有一個主人很苦惱地來找我，因為他才剛搬進新家沒多久，鄰居就抗議他的狗狗又臭又吵，社區管委會還發佈公告，要求他限期改善。

我去他家瞭解狀況時，發現這隻狗很乾淨也沒什麼臭味（好像我家的還比較臭），雖然牠聽到陌生的聲音難免會稍微叫一下，但是馬上就停止，不至於到構成噪音的程度。我想應該是鄰居本身討厭狗，所謂的臭味和噪音，大概是個人觀感的問題，可能把樓上吃臭豆腐還有遠處流浪狗的叫聲，都算成他家的吧！

不過即使問題並不在狗，但還是要想辦法改變鄰居的觀感。於是，我開始幫狗狗上課。除了一般基本的管理與訓練外，重點放在一件很重要的訓練，就是「才藝訓練」。如果狗狗教得好，不只是在家聽話而已，出了家門還可以做外交，贏得更多好感。

我們先教狗狗「裝死」，牠只花了五分鐘就學會了。接著，我請主人每天下午，把狗帶到社區中庭去練習，因為狗天生喜歡被人注意和讚美，這種情境會讓牠心情很好，更有自信，所以學得特別快、做得特別好。每次狗狗一表演，大家就拍手叫好，社區裡的阿公、阿嬤還特地帶孫子去看，大家都超開心。狗狗贏得了好口碑，人人都說牠又乖又可愛，一點也不臭不吵，成了全社區的寵物，鄰居的抗議也自然消失。

這個故事也是在告訴大家，當主人把狗教好了，牠的表現會讓原本沒養狗的人，也可以瞭解狗的可愛。狗狗的教養愈好，製造的困擾就愈少；主人替狗狗多做一些，也可以減少狗被人抱怨的機會。最基本的就是，散步時把狗牽好，不要讓牠暴衝撲人；遛狗時一定要帶著塑膠袋，隨手把狗大便帶走。光是做到這兩點，就可以減少很多狗狗被討厭的機會，也是在為環境盡一點力。狗狗的地位提升了，社會對狗的觀感也會跟著改變，吃狗肉的人就會變少，虐待狗的人就會被譴責，棄養狗的人也會被唾棄。

我有兩隻狗狗學生，原本都是媽媽要養的，但是媽媽懶得來上課，爸爸跟女兒就各牽著一隻來。第一堂課結束後，媽媽發現兩隻狗狗的行為進步很多，很好奇是怎麼教的，於是下一堂課開始，媽媽就親自帶狗來上課，學到訓練狗的觀念和方法，回家用心操作。果然兩隻狗愈學愈好，她也愈教愈有成就感，還自己發展出很多訓練招數，在往後的十年中陸續養了十隻狗，也教出不少狗明星。她訓練的拉不拉多，曾經上過《鑽石夜總會》，拿到滿分的最高獎金。狗狗會在吃完狗食後把十個碗全都收走，還會幫媽媽拿手機、遞毛巾、抽衛生紙給媽媽擦眼淚。每一隻狗狗不但聽話又有各自的拿手絕活，其中還有幾隻是通過考試合格的治療犬。我也常在公開場合請她帶狗狗出來做示範。

另外有一位六十多歲的媽媽，帶著她的米格魯幼犬來上課。當時狗狗才幾個月大，但是已經呈現壓力很大的症狀，看起來很緊張也不友善，一問之下才知道牠曾經因為不乖而被打罵過。我很擔心牠快要發展出攻擊行為，上課時一直灌輸主人不能處罰只能獎勵，對狗狗要用愛的教育。剛開始主人還抱有懷疑，但是短短幾堂課之後，狗狗的問題改善很多，主人的觀念也大大改變。這隻原本快要變成問題狗狗的米格魯，後來考上了治療犬，成為一隻很棒的狗。主人也在教狗中找到樂趣，在家訓練狗狗很多把戲。這隻米格魯還學會自己開抽屜拿鑰匙，拿完還會關抽屜。主人和狗狗都很強，後來也常常一起到處宣導做公益。

這兩位家長都不是專業的訓犬師，但她們都很願意花時間來訓練自己的狗，很多高難度的動作，都是在家跟狗狗玩訓練遊戲時教出來的。所以只要掌握了訓練的訣竅，和狗狗建立良好的默契，抓住靈機一動的瞬間，訓練就可以隨心所欲，無限延伸。

如何玩訓練遊戲

訓練遊戲有兩個原則：

①「獎勵」要有立即性

給獎勵的目的是要讓狗狗有參與訓練的動機，就像人類工作是為了薪水或成就感，對狗來說，物質的獎勵就是食物、玩具，或是主人的撫摸和讚美，這些能夠立即讓牠開心的事，都算是很好的獎勵。不過如果狗已經等在門口，很想出去玩，那麼帶牠出門就是牠此刻最想要的獎勵；有的狗不太在乎食物，但喜歡跟人互動，牠在這遊戲中得到的就是快樂與成就感，是為了讓主人開心而做的，要的是內在的獎勵。

如果狗是為了零食才聽話，那也沒什麼不好，因為在訓練和獎勵的過程中，牠還是會感到開心。

②自發性

遊戲時要讓狗狗自發性地想完成，不用刻意引導牠，也不要預設目的。在跟狗狗溝通的時候，不用一開始就下口令，這會影響牠的思考；可以利用環境的關係，等待牠的一些反應，當牠做對的時候，就立刻乘機給獎勵。例如你可以把食物藏在手裡，牠自然會伸手去抓主人的手，想要撥開你的手心，拿取食物，這時就可以乘機教會牠握手。

跟著我和狗狗玩訓練遊戲，就從幾個生活上的訓練開始，技巧都非常簡單：

如果你想要的是握手，結果牠卻趴下，這時候不要讓牠覺得牠做錯了，還是一樣給零食獎勵並口頭稱讚，這樣牠就學會了趴下這個動作。

① 叫名字訓練

先叫狗狗的名字，用跟小嬰孩講話那種很甜的聲音語調跟牠說：「熊熊，你好乖喔！」再帶著愉快的表情摸摸牠，也可配合一個小小的零食，牠就會覺得很美好。讓牠把這種感覺和自己的名字產生連結，練習幾次之後，牠只要一聽到你叫牠名字，就會覺得很開心。

這是最簡單，也是養狗時最先要做的訓練，就是讓牠喜歡自己的名字，以後主人一叫牠，牠才會高興地回應。

有的狗真的不太喜歡自己的名字，不是因為牠不喜歡主人為牠取的名字發音，更不會是討厭那個字義，而是因為每次聽到自己的名字，都沒什麼好事。

當你叫狗狗名字時，牠走過來，然後就保持一個距離，這表示牠只是來看看主人要幹嘛，先觀望一下，到底被叫來是有好事還是壞事。

如果每次叫狗狗名字，都會伴隨著零食獎賞和口頭讚美，牠就不會有那麼多的質疑。如此訓練一週後，狗狗對自己名字的認知就會很清楚，知道聽到這名字就會有好事發生，也會很喜歡主人叫牠。對自己的名字有所回應的狗，要學什麼訓練都會更容易，因為牠會把注意力放在主人身上，是一隻和主人感情很好的狗。

② 坐下訓練

「坐下」也是必須很早就教會狗狗的事情。如果狗看見主人回家，就會很激動地撲向人，你可以試著不下任何口令，等牠自己主動坐下；當牠坐下的那一刻，馬上獎勵牠，而且連續幾天都是如此，牠自己就會思考和判斷：「主人回來時，我撲他都不理我，但是我坐下就會摸摸我，那我還是坐下好了。」撲人是狗狗本身就會做的事，因為狗看見主人很開心，會想要舔主人的下巴打招呼示好，自然會站起來撲到你身上。在狗還小的時候，當牠往主人身上撲，主人的回應可能是摸牠，或是把牠抱起來，牠就以為這是你們之間打招呼的方式；但是狗狗愈長愈大時，撲人就會造成困擾，可是狗並不懂，為何小時候可以，現在就不同呢？

訓練的時候也可以利用零食做簡單的誘導，狗會因為想吃而嘗試動作，希望得到食物。當牠嘗試坐下的動作時，我們馬上就把零食給牠，做為獎勵。我們不需要給牠任何的提示，只要默默地等，等牠自發地坐下，然後獎勵牠。

③ 機會教育，捕捉良好行為

你可以趁著和狗狗相處時，對牠自然做到的動作給予獎勵，發展出你們之間的特別訓練。

舉例來說，很多狗狗起床時都會伸一個懶腰給主人看，我會解釋為這是狗狗在跟主人說：「我愛你！」請問大家有沒有回應你的狗呢？有跟牠說「我也愛你」嗎？當你下一次看見狗狗對你伸懶腰時，就要讚美牠「好乖！」也可以給零食獎勵，幾天後你就會發現，你家狗狗開始喜歡對著你伸懶腰、打招呼。

如果你希望狗狗每天跟你打招呼，就要乘機訓練。當牠做出要伸懶腰的動作之前，你可以對牠下口令，像是「鞠躬」或「敬禮」，經過三天到一週之後，牠就學會了這叫做「鞠躬、敬禮」。

當狗狗學會「坐下」的指令之後，像是亂衝、破壞、撲人這些問題行為，都會因此而得到改善。

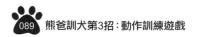

中場休息不能少

休息，比訓練更重要。休息是讓狗感到最放心、舒服的時候；休息也是為了走更長遠的路，讓下一次的訓練表現更好。

一次訓練的時間最長不要超過兩分鐘，就要先休息一下。休息時狗狗會有一個前段記憶，幫助牠下一次更專注，學習能力會更好，也會讓牠保持高度的學習欲望。

這種感覺就像我國中每天去學校，就是為了等待下課時間可以打籃球。一下課，大家就趕快猜拳分隊伍，分好了之後，打沒幾球又要上課了，於是就會開始期待下一堂下課。在那兩三分鐘的打球時間裡，投進的任何一球都顯得特別珍貴，比起暑假可以無限地打球還要更開心。同樣的道理，如果玩訓練遊戲時不休息，狗會像小孩一樣，很容易就玩瘋了，不知道節制，變得壓力很大，這樣一來就容易產生情緒問題。中場休息，可以讓牠在過程中冷靜下來，學習管理自己的情緒。

在訓練中休息十秒、二十秒都好。操作流程就是。訓練、休息；訓練、休息；訓練、休息……整個循環下來，一次總時間不要超過十分鐘。

休息時要讓狗狗知道，現在是暫停時間，就算牠一臉還想玩的表情，你的態度還是要讓牠明白：「我們要先休息一下。」可以配合話語，像是「好了！」、「休息！」、「你好棒！」讓牠更清楚。這樣可以培養狗狗的好ＥＱ，讓牠自己去體會控制情緒。

在訓練的過程中，如果差不多經過十分鐘了，就算狗狗表現正佳，也要見好就收。保持牠想接受訓練的欲望，才會讓牠一直進步；如果又繼續玩，等到表現開始下滑時才停止，那會留下一種退步的感覺，更不要一直操練到狗都呈現疲態，不想玩了才結束。

我早期剛學到中場休息的觀念時，正好要帶熊熊去國外受訓。當時我必須在一個月內教會牠很多事情，讓牠參加考試，我很擔心訓練時間不夠，所以第一週像在趕進度一樣，每一次的訓練時間都拉得很長。到後來熊熊幾乎不太理我，因為訓練已經讓牠覺得無趣、壓力大。後來，我試著讓牠中場休息，牠的表現果然就變好。雖然訓練的時間很趕，牠仍然順利通過了考試。這個經驗讓我體會到，休息真的是為了走更長遠的路。

休息時，不要突然地停下來，狗狗會覺得莫名其妙，以為自己做錯了什麼。休息要伴隨著「獎勵」，為這一回合的結束劃下句點。如果牠沒辦法區分現在是要休息，還是在訓練中，牠會整天期待著你給牠訓練，而期待一直落空會讓狗心情很差。而訓練遊戲結束時，同樣要給牠讚美，讓牠感受到跟你一起玩遊戲是一件開心的事情。

熊爸訓犬第 4 招：
玩玩具

迷思 1：狗狗自己就會跟球玩，我不用也沒時間陪牠玩遊戲。

玩具是狗跟主人一個很重要的溝通橋樑，透過玩玩具的互動，可以達到很好的情感交流。

迷思 2：我把狗狗的玩具放在家中各處，讓牠想玩的時候就可以去找牠喜歡的玩具玩。

要讓狗狗知道「玩具是主人的，跟主人玩才好玩」，這樣狗才會尊重玩具。

迷思 3：我的狗咬到玩具後就自己跑去角落玩了，我也正好樂得輕鬆。

玩具獎勵的重點在於主人與狗狗的互動過程，不在於玩具身上。所以要訓練狗把玩具還給主人，牠所得到的獎賞就是下一次的玩耍機會。

玩具訓練對狗狗的重要性

狗對玩具的欲望遠遠大過於零食，陪狗一起玩玩具，是生活上很好的娛樂和活動。玩具是狗跟主人一個很重要的溝通橋樑，透過玩玩具的互動，可以達到很好的情感交流，過程中也可以教會狗狗很多遊戲規則，讓牠在獨處時可以自己玩玩具；而缺乏自信的狗，甚至可以透過玩具，變得比較有自信。

我的狗狗小黑，從出生到十個月大之前，都被關在犬社的籠子內。剛收養牠時，每次帶牠出門散步，牠都不敢走路，拿零食引誘牠也沒用，是一隻很自閉缺乏自信的狗。當我發現牠的性格問題後，我利用玩具訓練引起牠學習的興趣，牠開始願意出門，也因為玩具而變勇敢。

玩具的遊戲規則

遊戲一定要有規則，才是好的遊戲。用玩具玩訓練遊戲時，要遵守以下幾項規則：

①玩具是屬於主人的，不是狗狗的

家中的玩具，當然可以給狗狗幾個，不過具有訓練作用的那些玩具都要收起來，下一次要玩時再拿出來，讓狗知道「玩具是主人的，跟主人玩才好玩」，這樣狗才會尊重玩具，玩具在牠心中才會有重要性。所以請把家中地上的玩具都收好，這樣玩具才有價值，不然狗狗玩到膩了就不會珍惜玩具的存在，每天都會向你要新的玩具。

②遊戲的開始跟結束，由主人決定

當狗狗咬著玩具來找你時，你可以決定要不要跟牠玩。如果牠來十次，不要十次都玩或都不玩，可以彈性地判斷你現在要不要跟牠玩。比如說，你下班還很累，或正在吃飯、工作，不能馬上陪牠玩，這時就要用清楚的態度，讓狗知道你在忙，不能跟牠玩。狗來找你的當下，如果你不玩，牠就會算了。如果你的態度能讓牠明確知道現在可不可以玩，對牠來說反而會很輕鬆；幾次之後，狗就學會了看時機，判斷主人現在陪自己玩的機會是高還是低，以後你在忙的時候，牠就不會去吵你，如果你開始看電視，牠就知道這時來找你的話，你可能就會跟牠玩。

③天下沒有白吃的午餐

要讓狗知道，牠必須做好一件事才可以玩。如果你叫牠名字時牠有回應，或是你命令牠「坐下」、「裝死」牠都有做到，那就可以跟牠玩。

④要有「開始」的口令

這樣可以讓狗狗知道，什麼時候是開始玩的時機，否則狗狗搞不清楚何時開始玩，以後牠想玩的時候就會突然撲上來，這樣會有危險，尤其是遇到小孩子的話，更容易導致受傷。

建議每次命令一件事就好，當牠做對一件事就拿玩具跟牠玩一次，玩具的意義就會變成獎勵，牠對玩具的欲望更高。

跟狗狗玩的時候，不要突然就把玩具丟給牠，而要訓練牠能夠聽懂主人「開始」的口令。

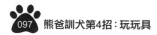

⑤遊戲過程中一旦狗碰到你的身體，就要暫停一下

例如，狗狗咬到你或是撞擊。主人要讓狗狗知道遊戲的分寸，就像運動時有犯規動作就必須暫停一樣。狗狗在遊戲時可能因為情緒太激動，不小心動作太粗魯，這時候就要暫停，讓牠知道什麼舉動是不好、不禮貌的。所以只要狗狗太激動而碰觸到主人（不論是狗的身體或四肢，還是嘴巴牙齒），遊戲就必須停止，這樣就能預防遊戲中所造成的危險。

⑥必須把玩具還給主人，才會再玩下一次

如果狗咬著玩具跑來跑去讓你追，這樣是不行的，要教會狗把玩具放下的口令，讓牠知道：如果牠不還給你，就不陪牠玩，牠只能自己玩；如果你硬去追或搶，就掉入了牠的遊戲規則裡。

千萬不要用食物跟牠換玩具，這會造成狗狗注意力放在食物上，而不是玩具。你可以利用另一個玩具讓牠放棄嘴裡的，千萬別追著牠搶。

玩具獎勵的本身在於互動過程，不在於玩具身上。玩具不像食物會被吃下肚，所以，要訓練狗把玩具還給主人，所得到的獎賞就是下一次的玩耍機會。

⑦見好就收。當狗玩到很開心時就必須要休息了

當狗狗玩得開心愉快，開始激動了，就要先休息一下。狗狗太興奮的話也會產生壓力，牠的行為會放大，容易失控，或是橫衝直撞，不慎受傷。見好就收才會讓牠期待下一次。

玩具的種類

狗狗的玩具種類很多，安全性是優先的考量。狗狗會用嘴巴咬玩具，最好選購狗狗專用的玩具。首先，不容易被咬壞的材質才安全，玩具上面塗料的含鉛量也要符合標準，購買時可以注意一下是否貼有通過檢驗的安全標章。

狗狗玩具常見的有以下幾種：

①獵物玩具（適合有狩獵行為的狗種）

狗會把玩具當成獵物，咬住、撕扯，甚至吃掉，所以填充玩具就很不適合，如果棉絮被吞下肚的話，容易跟腸胃攪在一起。

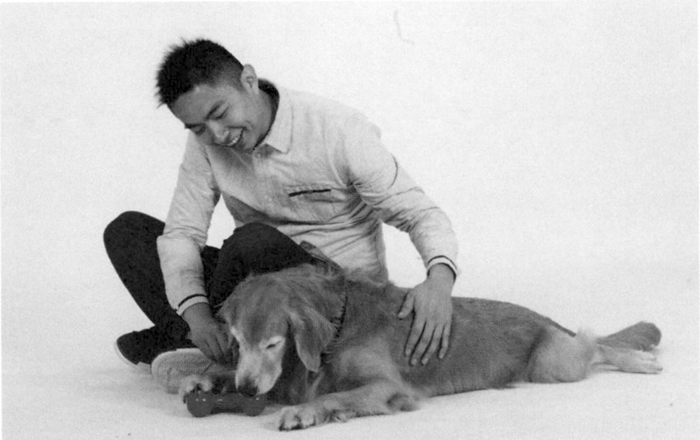

好的玩具會設計成只能讓狗狗咬下一點點，或是即使吃下去也能拉出來的安全材質。

②抗焦慮的玩具（這類型的玩具我最推薦）

橡膠類的材質具有耐咬、口感好的特性，狗咬起來會覺得很舒服，有紓壓的效果。

大部分的橡膠玩具可以讓主人把食物塞進去，再讓狗狗試著把食物挖出來，可以啟發牠的思考。

抗焦慮的玩具不是只限定給會焦慮的狗玩，一般的狗狗也會喜歡玩，也可以藉此紓壓。一隻狗至少必備五到六個這樣的玩具，交替著玩。

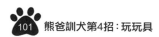

③拉扯玩具（護衛犬種要注意）

這類型的玩具材質要安全，可以跟狗玩拉扯搶的拔河遊戲。拉扯玩具只有主人可以跟狗玩，這會增進彼此的關係，加強狗狗的自信心。玩拉扯玩具的過程中狗狗會嘶吼、拉扯都是正常的，牠只是在玩而已，不是發怒，不用擔心牠會因此變得暴力。但護衛類型的犬種，建議前後拉扯即可，儘可能不要左右水平地拉扯，因為這動作跟甩咬很類似，如果飼養這類品種的狗狗，最好尋求專業的協助教導。

④你丟我撿的玩具（適合拾回犬種）

這是大部分主人最愛跟狗玩的遊戲：把玩具拋出去，讓狗跑去拾回，交給主人。挑選玩具時最好不要選咬下去會發出啾啾聲響的，不然狗會盲目地愛上這個聲音，一聽到就開始興奮；尤其在散步時，常常會遇到別人正在玩這類玩具，啾啾聲就會引起你的狗暴衝過去。

在玩這類型玩具時也要特別注意，只是簡單的拋撿玩具就好，千萬別丟超遠，讓狗急衝，這樣是不好的，反而會累積牠們的壓力，甚至容易受傷。

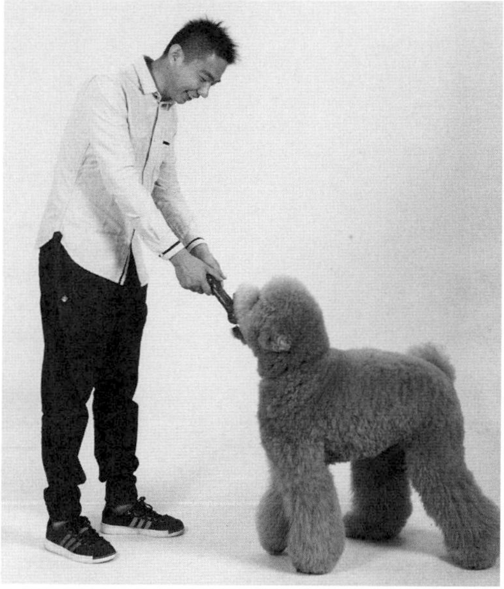

在玩拉扯玩具之前，必須要確定狗狗已經學會做到「放下」的指令，這樣才能確保狗狗與主人在遊戲時的安全。

如果要和狗狗玩你丟我撿的玩具，玩具的大小必須是狗無法吞下去的尺寸。

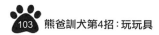

⑤益智玩具（讓狗動動腦）

主人可以在這類型的玩具裡面裝食物，讓狗狗花一點腦筋才能吃到裡面的東西。這類型的玩具對狗狗來說有挑戰性，增加牠們玩玩具的興致，又可以訓練牠們思考。

像這種必須要轉到特定角度才會掉出零食的球，可以讓狗狗玩得很盡興，吃到零食時也會產生成就感。

一隻狗可以同時擁有好幾個各類型的玩具，平時只要留一、兩個玩具給狗狗，讓牠想玩就可以玩，但是其他的都要收起來，等你要跟牠玩的時候再拿出來。如果全部都給牠，那麼當你要跟牠玩遊戲時，牠就不希罕了。

玩具的療癒作用

狗狗在玩遊戲或玩具時，只有一種玩具可以讓牠自己玩，就是「抗焦慮的玩具」。

抗焦慮的玩具，對於患有分離焦慮症的狗而言，就是一種療癒系的玩具。當牠們感覺到主人要離開時，會變得焦慮不安，產生極大的壓力；但若是主人離開時，可以用玩具轉移牠的注意力，就比較能降低牠的焦慮感。這類型的玩具能讓狗狗玩超過三十分鐘以上，可以在裡面塞點零食，然後調整難度，讓牠玩得更久一點。不過如果主人回家時，發現留給狗的零食牠都不吃，一直等到主人回來才吃，就表示牠的壓力真的是很大，可能有焦慮的問題，必須帶去上課或做一些行為治療。

有一隻比熊犬，牠在原本的家庭待到兩、三歲後，被送到新家庭收養。剛換新環境的牠變得很黏主人，只要主人外出時牠就會不停地狂叫，把門和牆壁都抓爛，表現得非常激動。牠來上課的時候，焦慮的狀況很嚴重，平時都還ＯＫ，但是主人一出門就立刻抓狂。於是我從生活管理開始訓練起，先修正牠挑食的問題，讓牠每一餐都很積極地吃完，再藉由訓練遊戲讓牠喜歡零食，最後教牠玩玩具。訓練完之後，主人在出門時就給牠一個抗焦慮的玩具，牠便認真地玩起來，連主人出門也不在意了。

遊戲時注意安全

假日到公園或海灘，經常可以看見在玩球或玩飛盤的狗。雖然狗狗接球、接飛盤的姿勢還滿帥氣的，但這是一個必須更加注意安全的遊戲。

像丟球或飛盤這種會讓狗狗急衝的遊戲，都比較容易讓狗無意間受到傷害；就算沒有立即的症狀，等到狗狗老了之後，關節就容易出問題。因為狗在追球時會卯足全力，高速碰撞下很容易讓筋骨受傷，而且，急衝也可能會讓牠產生心理壓力。如果仔細看一下這些狗狗，不難發現，狗在等著主人丟球的時候，早已不由自主地開始發抖哀鳴，雙眼緊盯著球蓄勢待發，然後急速狂追。我相信如果牠身上裝著麥克風，一定會在牠衝刺的時候聽到牠焦急的聲音。

狗的耐痛度很高，就算玩到有運動傷害或疼痛，睡一覺醒來，明天還是繼續玩。雖然看起來沒有異狀，但其實傷害已經造成。所以，飼養飛盤狗或敏捷犬等高速活動的狗狗，都必須透過專業的老師指導，避免傷害發生。

玩玩具訓練的目的不是在操練狗，而是在互動中增進主人與狗的感情，同時讓狗抒發壓力，運動量不是遊戲時考慮的重點。但很多人以為遊戲是為了要讓狗有足夠的運動量，甚至以為大狗需要的運動量就比較大，這個邏輯是不對的。

有些活動對狗狗來說非常危險，很容易讓牠們受傷，像是騎著摩托車讓狗跟著跑，或是牽著狗跑操場。其實只要帶著狗狗在安全的地方做一些簡單的活動，或是跟其他乖狗狗一起玩遊戲，對狗狗來說就可以了。

當狗狗的身體好、心情好，體力自然會愈來愈好，不需要靠刻意的運動來鍛鍊。如果想要牠運動，除了帶牠散步之外，游泳對狗也是很好的運動，因為水中無重力的環境可以讓牠的肌肉結實又不會傷到關節。剛開始時，可以先讓牠穿訓練用的救生衣，但狗很快就能學會自己游泳，不需太擔心。小狗可以先從在家裡玩水開始，或是有斜坡的水池，讓牠練習不要怕水。熊熊小時候，我會在洗臉盆裡面放玩具，讓牠自己去找，所以牠一點也不害怕把頭潛進水裡；等牠長大後帶牠去游泳，牠也很快就適應在水中活動了，還會潛水喔！

在玩玩具遊戲時，要注意競爭者，也就是其他的狗，牠們會擔心玩具被搶奪而打架攻擊，所以在遊戲過程中，如果有其他的狗加入就要小心。

有一次狗聚，大家相約一起帶狗出去玩，現場也有很多不同的玩具，有一隻狗狗分到一顆橄欖球。牠在玩的時候，我的狗剛好經過牠旁邊，這隻狗狗竟然立刻把球整個吞進嘴裡，怕別的狗去搶。大家完全來不及反應，幸好牠馬上又嘔吐出來；但是還沒鬆口氣，此時又有另一隻狗經過，這隻狗狗立刻又把球給吞了下去，這一次，牠沒有再吐出來，整個橄欖球被吞下肚。兩三天後，狗狗沒吐也沒拉出來，主人只好帶牠去找戴更基醫師檢查。戴醫師用內視鏡一看，球還真的好端端地卡在胃裡面，連型號都可以看到，最後只好開刀取出來。

慎選適合狗狗的玩具大小，真的很重要。如果狗狗在有其他狗的地方玩耍時，最好不要有不認識的狗，避免牠們互相競爭而產生壓力。

那顆橄欖球從此得到了「LV橄欖球」的外號，因為取出的代價可以買一個LV的包包了。那顆球被主人裱起來後放在家裡，還請戴醫師在上頭簽名，寫著：「不要再吃我了！戴更基。」

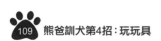

熊爸訓犬第 5 招：
尋寶嗅聞遊戲

迷思 1：狗狗有運動到就夠了，幹嘛還要設計尋寶？
運動是消耗狗的體力，但內心還有其他需求得不到滿足。

迷思 2：家裡環境不大，沒什麼可以尋寶的地方。
環境大小不是重點，能讓遊戲發揮適當的效果才重要。

迷思 3：唉呀我的狗很笨啦！牠一定找不到的。
嗅聞、尋寶遊戲，五分鐘就能學會。

嗅聞讓狗狗得到滿足

狗狗是嗅覺的動物，可以在嗅聞中得到快樂與滿足，而牠也是狩獵的動物，尋找、追蹤目標，都能讓牠得到很大的滿足，每天安排一下小小的嗅聞、尋寶遊戲，可以大大提高生活樂趣、紓解壓力，使牠心情愉快，尤其能解決分離焦慮的問題，更可以藉由遊戲活動，增加狗的自信心。在家中，也有很多休閒活動可以和狗狗玩：

①尋找食物的遊戲

先把狗狗帶進某一個房間，再把食物放在客廳的某個地方；初學時建議先簡單一些，可以放在讓狗狗一出來就很容易發現的地點，藏好後再放狗狗出來。一開始牠可能並不明白你要牠做什麼，可是當牠一出來後，馬上就會發現並且吃掉零食獎勵，牠會非常開心。然後重複地玩這個遊戲，每次當狗狗找到時，主人都要大大地口頭稱讚，牠就會開始連結：「原來從房內一出來，就可以找到東西吃，還能得到主人的稱讚。」再加上牠的確都找得到，就會產生成就感，自信心也會提高。下次再玩的時候，主人就可以提高尋寶的難度，再搭配口令，例如：「去找！」或「在哪裡？」讓狗狗知道，原來聽到「去找」或「在哪裡」就有食物可以尋找，尋寶遊戲就開始了。

有些飼主會擔心，狗是不是從此就會開始自己撿東西吃？答案是不會的。你的狗會不會亂撿東西吃，跟尋寶遊戲一點關係也沒有，因為外面的東西是本來就存在的，而且是自己撿到的，但尋寶遊戲是主人設計的，玩完結束後就沒有了。

②尋找玩具的遊戲

同理，你也可以找一個牠非常喜歡的玩具，比如一顆球（前提是已經訓練會玩玩具，且願意把玩具還給你，請參閱熊爸訓犬第4招），然後同樣的，帶狗到一個房間或另一地方，把玩具藏或放在一個容

如果家中環境不大，也可以把餅乾或玩具藏在毛巾裡面，再下口令讓狗狗去翻找。這樣子，狗狗也會得到滿足。

易被找到的位置，再放狗出來；當牠一找到時，立即給予大大的讚美，之後再慢慢地把難度提高。你會發現，狗狗還真是厲害，再難的地方也找得到。

③主人跟狗玩捉迷藏、躲貓貓的遊戲

注意！一般捉迷藏的遊戲是跟小朋友玩的，如果你故意讓狗狗找不到你，牠就會產生焦慮、緊張的心情，壓力也會增加，這叫做「虐待」，不叫玩遊戲。其實就當作你在跟一個孩子玩，一個長不大的孩子，所以不需要太困難。先把臉遮起來，然後背對著狗狗蹲下，問牠：「爸爸在哪裡？」、「媽媽在哪裡呢？」牠就會繞到你身旁或面前，這時候馬上給予大大的鼓勵。捉迷藏的動作也可以加大，主人先四處跑動一下，然後假裝躲起來背對牠，等牠走到你身旁或面前，再大大給予口頭讚美。

有一位狗友養了一隻拉布拉多，每次牠跟主人在戶外散步時都會主動玩躲貓貓的遊戲。牠怎麼做呢？牠會突然假裝不動，或盯著某一個地方看，讓主人有時間去躲起來；等主人說：「好，媽媽在哪裡？」狗狗就會很高興地去找了，非常可愛！

千萬別玩你追狗的遊戲，這是非常不好的，如果哪天突然有狀況需要盡快把狗召回，結果牠還以為你在跟牠玩，就跑給你追，這樣對狗和主人都容易造成危險！

④戶外也可以玩

以上的遊戲都可以在戶外玩，一樣是先把狗帶到一個地方，然後把食物或是玩具藏起來，甚至主人躲在一個容易被找到的地方，再讓狗狗去找，也是可以玩得非常開心；而且戶外環境的味道和刺激更多，尋寶遊戲的難度也會提高，對狗來說是更大的挑戰，是非常好的遊戲訓練喔！

大人常常跟小嬰兒玩「遮臉遊戲」，其實和狗狗玩也是一樣的。當狗狗找到你的時候，一定要大大地稱讚牠，這樣就能讓狗狗非常開心。

熊爸訓犬第 6 招：休息

迷思 1：狗狗白天等我回家一定很無聊，只要我在家就要好好補償牠。

狗需要的睡眠時間很長，愛牠就要讓牠有足夠的休息，養成規律的睡眠習慣。

迷思 2：我的狗都跟我睡，所以不用有自己的狗窩。

狗可以跟主人睡，但仍然需要專屬於牠的休息空間。

迷思 3：我才不會把我的寶貝狗關進狗籠裡呢！

適當的籠內訓練，可以幫助狗狗適應外宿環境，也可以更順利地搭乘大眾交通工具。

狗狗需要的睡眠比你想的還多

「你，累了嗎？」

大家都看過這支提神飲料的廣告，主角在疲憊過勞的狀態下錯誤百出，無奈頹喪之際，經典廣告詞「你累了嗎？」如當頭棒喝！這時，灌上一瓶提神飲料，馬上精神百倍，效率大增！

同樣的畫面，我腦海中浮現的主角卻換成曾經教過的好幾隻狗狗，讓我不得不提醒主人認真地想一想，當你的狗狀況不佳、問題頻頻時，是不是也因為牠累了呢？如果可以，我想牠也超想來一罐「蠻狗」吧！

其實我們的狗幾乎都是睡眠不足，因為狗一天需要睡十六小時才夠。每當我提出這樣的說法時，多半的飼主都會不假思索地回答：「牠每天在家沒事幹，都在睡覺，怎麼會睡眠不夠？」

看起來好像整天無所事事的狗狗，其實一直都在盡守牠的天職——「看家」。狗是非常淺眠的動物，即使在睡眠狀態都仍然保持著對環境的高度警戒，任何風吹草動都會把牠驚醒，就是這種天性讓「看家」成為牠們的特長。狗的祖先原本就是夜行性動物，後來是為了適應人類的生活作息，才變成晚上睡覺。

狗狗如果真的進入熟睡狀態時，會發出打呼聲。你可以注意觀察一下你家的狗狗，會發現牠們完全熟睡的時間其實很短，可能只有幾秒或幾分鐘，總是處在斷斷續續的淺眠狀態。因此，狗狗一天所需的睡眠時間，累積起來要長達十六個小時才算足夠。

早睡早起身體好，是大家都知道的養生之道。人如果沒有睡飽，容易脾氣暴躁，小朋友如果沒睡午覺，晚上就容易吵鬧；狗狗也是一樣，沒有足夠的休息就容易產生情緒問題，長期下來更會對健康有不良的影響。

主人是狗狗主要的睡眠障礙

毛孩子的很多行為模式跟小朋友很像，所以，我常以和女兒相處的經驗來做例子，讓大家更容易理解，並對應到狗狗的行為和需求。

以睡覺這件事來說，我女兒大概從會說話開始，每次到了該睡覺的時間，問她：「要不要睡？妳該睡覺囉！」答案永遠是：「我不想睡！我不要睡！」雖然嘴巴說不睏，但是因為她每天的作息很規律，一旦乖乖躺在床上，下一秒就睡著了。

當她說不想睡時，其實不是真的還不睏，而是因為還想玩，還想跟爸媽一起聊天、看電視，期待參與比睡覺更有趣的事情。對她來說，睡覺是浪費時間，但我們知道，一定要讓她睡覺。

狗狗不好好睡覺，也經常是類似狀況，內心在期待主人陪牠玩，只要有人一叫牠、逗牠，甚至一看見主人靠近，馬上又打起精神來，因為和主人玩往往比睡覺更吸引牠。所以，可能狗狗其實已經很累了，主人還是常常覺得牠仍然精力旺盛，哪像想睡的樣子，但其實只是狗狗硬撐著，你看不出來。

觀察一隻狗是否睡眠不足並不困難。如果牠經常在不該睡覺的地方打瞌睡，就已經是很明顯的睡眠不足了！一般來說，狗狗真的想睡的話，會回到自己的窩裡，喬到舒服的姿勢才會放心入睡；如果會在外面打瞌睡，或是在不該睡覺的地方趴著就睡著了，那表示牠當下真的是已經睏到不行了。

我就曾經在一次錄影中，看見來上節目的紅貴賓，竟然在錄影過程中坐著睡著了！這很不可思議，因為攝影棚對狗來說是一個陌生的環境，會讓牠們比較緊張，應該很難睡得著才對，可見牠有多麼疲憊。這隻紅貴賓有很多行為上的問題需要矯正，在還沒深入瞭解這些問題產生的原因前，我大概已經可以判斷得出來，睡眠不足絕對是原因之一。

狗狗一旦沒睡好，情緒就會不佳，身體機能也容易出問題。

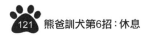

為狗狗準備一個好狗窩

狗對環境相當敏感，很容易受到外界干擾而無法好好睡一覺；最常打擾牠的往往就是牠的主人。大家都會認同，狗睡覺的時候最可愛，所以主人最喜歡在狗睡覺的時候打擾牠。

很多人在家時，有事沒事就會叫一下狗的名字。即便牠本來在睡覺，一聽到你的呼喚就醒了；就算不叫牠，你在旁邊走來走去也會引起牠的好奇，生怕錯過什麼好吃的、好玩的，搞得整天都沒有好好休息。

我常提醒飼主，有時候要學會忽略你的狗狗，就算牠被吵醒了，或是還想玩、不肯睡，一旦主人沒有回應，牠就會回去乖乖睡覺了。

主人會打擾狗睡覺，而不好好睡覺的狗，也會搞得主人睡眠不足。常常有飼主向我求助，抱怨牠的狗半夜還在家裡趴趴走，拿玩具要人陪牠玩，或是叫個不停，鬧到家人、鄰居都來抗議。

這些有「睡眠障礙」、無法好好睡覺的狗狗，多半就是因為平時主人沒有為牠做好生活管理，養成良好的睡眠習慣。

很多飼主沒有幫狗狗準備專屬的狗窩，認為自己給狗很大的空間，整個家都可以讓牠隨便睡，反而造成牠在哪裡都睡不好。你一定也看過家裡的狗在門口睡覺，那就是牠正在等門或看門，一定是非常淺眠的狀態，且處於戰鬥姿勢。

狗是穴居動物，牠們的祖先在睡覺時仍擔心會遭到猛獸攻擊，會保持備戰狀態，讓身體在洞穴中被包覆著，頭則是面對外面，可以隨時觀察洞外的狀況，以便及時反應保護自己。因此，狗狗天生喜歡黑黑、暗暗、小小的空間。

我朋友的馬爾濟斯，經常躲在鞋櫃裡睡覺，被主人視為一隻有戀鞋癖的怪狗。在我看來，牠一點也不奇怪，當然更不是什麼戀鞋癖，因為牠沒有自己的狗屋，只是想要一個不被打擾的地方好好睡覺而已。鞋櫃裡有遮蔽效果，又容易看到外面狀況，就成了牠為自己找到的最佳狗屋了。

當狗狗在鞋櫃、衣櫥、書桌或床底下之類的地方亂睡時，並不是想搗蛋，這表示我們沒有給牠一個好的睡眠環境，牠只好自力救濟，在家裡找喜歡的地方來當作窩了。

想要讓狗狗養成好的睡眠習慣，有足夠的休息時間，第一件事就是要給牠一個安心舒服的狗窩，讓牠想休息的時候，就可以在自己喜歡並且有安全感的地方好好休息。

你可以選擇適合的狗屋，也可以準備狗狗專用的運輸籠當作牠的窩。運輸籠跟傳統狗籠不同，有門有窗，材質也還算舒適，是不錯的選擇。傳統鐵籠式的狗籠，冷硬的鐵欄杆好像監牢似的，我不太建議選用。

「人愛豪宅，狗愛好窄！」在選購狗屋時，要挑選適合的大小，不需要過大，狗屋不是要讓牠在裡面活動玩耍的，而是牠的專屬臥房，讓牠可以在裡面安心地睡覺。有的飼主不喜歡讓狗狗住籠子，但我建議，即使有了狗屋，還是可以準備一個運輸籠，讓狗狗做一下「籠內訓練」。因為大多數的狗在這一生中，幾乎都會有機會必須要待在籠子裡，例如，出遠門時外宿，或是搭乘大眾運輸工具，也可能會偶爾需要寄宿在狗旅館，或是去醫院看病……等等，如果平時完全沒做過籠內訓練，一旦得待在籠子裡，狗狗會完全無法適應；相反的，平時有練習睡在運輸籠裡的狗，就算外出旅遊也不會有認窩的問題，也可以安定地坐捷運、搭飛機。

有了可以讓狗狗安心休息的狗窩，要養成好的睡眠習慣就很容易了。狗的生理時鐘相當規律，主人平時可以視自己的作息，為狗狗定下一些手勢或口令，讓牠養成睡覺的習慣，例如在睡覺之前關上燈、跟牠道晚安……等，讓牠知道這種情境下，就是該去乖乖睡覺了。

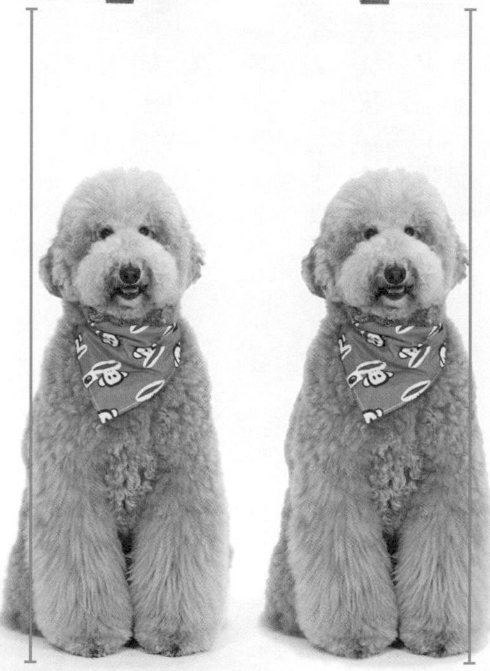

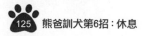

狗窩最恰當的尺寸是，高度以整隻狗站起來進出方便為準，長度從狗鼻子到尾巴，寬度為狗狗的一隻半到兩隻狗的身體寬度就足夠了。

狗其實並不喜歡睡床

有人問過我：「熊爸，可以讓狗狗上床睡覺嗎？」我的回答是：「沒什麼不可以，但是狗狗並不喜歡睡床啊！」

大家都以為狗愛睡在床上，是因為床鋪比較柔軟舒適，但其實牠們只是喜歡跟主人親近一點，就像很多狗喜歡窩在沙發上，只是因為想要跟主人靠近，也有的狗是因為本身愛管閒事，喜歡在沙發的高度上看看大家在做什麼，如此而已。

床鋪或沙發，應該都不是狗狗喜歡的休息所在，因為狗本身體溫高，皮膚又不會散熱，床或沙發對牠來說都太悶熱了。留意一下你的狗狗，當牠睡在床上時，一定是整晚不斷換位置，因為睡沒多久，原本的位置就熱了，這時牠就會爬起來「挖床」，重新整理一下，看看能不能讓床涼一點。當牠挖好床睡一睡，如果還是覺得熱就會跳下床；在地上睡一睡之後，又覺得自己還是該睡床，就又跳上床來睡……這樣反反覆覆一個晚上，搞得牠根本沒睡好，主人如果也是淺眠者，一定也睡不好。

如果狗狗養成了只肯睡床或沙發的習慣，很容易造成一些日後的困擾，例如沒有人陪牠、抱牠就不肯睡，或是有認床的問題。而且狗狗的地域性很強，一旦認定床是牠的，就會產生護地盤的行為，不讓其他人靠近。

另外就是衛生的考量，因為人狗的細菌是共通的，會彼此傳染，所以，如果要讓狗睡床的話，床單、被單就要經常換洗。台灣氣候比較濕熱，習慣睡床的狗狗經常因此而引起皮膚問題，也有一些從小蓋棉被睡覺的狗，冬天變得非常怕冷。

我個人並不反對讓狗上床（有攻擊問題的狗狗則不建議），只要主人可以接受，這也不失為人狗之間表達親密的一種相處方式；只是床舖和沙發都不是最佳的狗窩，就算平時可以允許狗狗上床，或在沙發上和主人膩在一起，仍然要為狗準備屬於牠的狗窩，做為主要的休息處。這樣牠在床上讓主人抱抱、玩玩之後，還是可以回到自己的窩裡，訓練牠獨立睡眠的能力。

我在此特別強調，狗屋是為狗狗準備的專屬房間，絕對不是一個處罰狗的地方！要讓狗狗感受到狗屋永遠是讓牠開心的地方、領獎賞的地方、吃零食的地方、讓牠可以完全放鬆的地方……等等，一定都是很正面的聯想；就算必須把牠關在裡面時，也要引導牠自己進去，同時給牠零食或玩具。千萬不能因為要處罰，而強制把狗狗丟進去，或是推進去，讓牠有被處罰的感覺，而變得不喜歡自己的狗屋。

狗窩的好方位

人的居家環境講求風水，狗窩的擺放位置同樣也要找個好方位，只是選擇的依據不是為了聚財求桃花，而是為了狗狗的身心狀況。

首先，避免讓狗窩正對著門口，尤其是視線可以看到大門的地方。門對狗來說是一個影響心情的開關，如果牠一直看見有人進進出出，會讓牠心情起伏較為劇烈，壓力也會很大，無法好好休息。

除此之外就沒有太多的禁忌，以陰涼乾燥、空氣流通的地方為佳，避免潮濕悶熱的空間，平時也可以用電風扇在附近吹（不一定要對著狗窩吹），保持乾燥通風，就不容易滋生細菌。

狗窩不需要一直擺放在固定位置，可以依照需求移動變換，因為狗狗是認牠的窩，而不是地理位置和方位。比如，現在主人在客廳活動看電視，籠子就可放在客廳的某個位置，如果晚上回房間睡覺，就把籠子搬到房間裡。

讓狗可以安心獨處

狗窩的意義不只是一個睡覺的地方，還是狗狗的避風港，讓牠擁有一個不受打擾的自我空間。當牠想休息時，可以進去裡面睡覺；如果想要自己玩耍，也可以在狗窩裡自在地吃零食、啃東西、玩玩具，更可以藉此訓練牠學習獨處。如果真的遇到令牠害怕的事，如打雷、鞭炮，牠就有地方可躲藏，而且在籠內睡覺的狗也比較不會警戒、吠叫。

剛開始時，狗狗可能不太習慣自己待在狗窩裡，需要主人幫助牠適應。每隻狗的個性都不同，必須先瞭解你的狗需要的是什麼，再選擇適合的方式來對待牠。

有的狗狗非常依賴人，當家中沒人在時，主人可以開電視或廣播讓牠聽，節目中的談話聲會讓牠感覺有人在家，而比較有安全感，同時也可以稍微掩蓋外面的聲音干擾，讓牠獨自在家時也能安心休息。有的狗狗非常容易被人干擾，當你發現自己很容易影響到狗的時候，就要有一段時間不要有太大的活動，讓狗可以有好好休息的時間。

主人不要因為上了一天班回到家，就補償性地一直陪狗狗玩，這樣萬一某一天你無法一下班就回家陪牠，狗就會非常受不了；也不要每逢假日就整天跟牠膩在一起，結果週一也成了狗狗的 Blue Monday，心情非常差。

讓狗狗趁早學會獨處和休息是非常重要的，讓牠習慣屬於自己的空間和時間，主人不要時時刻刻都把焦點放在牠身上，牠才不會也變得時時刻刻離不開你。

每次聽見主人說：「我的狗真的很黏我。」我都忍不住提醒：「應該說，是你很黏你的狗吧！」這是一體兩面，互相影響的事情。過多的關注對狗來說其實未必是一種幸福，反而常常是一種壓力！從我學習訓犬十幾年來，所遇見的狗的行為問題都不一樣。這些年專業的訓練師變多了，關於狗的教育資訊也更多了，但是狗的問題並沒有變得比較好。以前狗狗的焦慮原因主要是由打罵造成的，現在則多半是因為主人太過溺愛、太多關注而產生的問題，狗狗焦慮的狀況一樣很嚴重。溺愛常養出過度依賴的狗狗，只要主人沒辦法好好陪牠，牠就會覺得天要塌下來了。這樣的狗狗多半到了三到五歲後，分離焦慮就會更加嚴重，有的甚至焦慮到健康出現狀況。

每次碰到有這種問題的狗狗，我一定會先詢問家庭成員的年紀，和他們跟狗的相處狀況等等，因為愈多人寵愛，只會讓狗有更多困惑。我曾經碰過一隻小臘腸，主人家裡沒有其他小孩和寵物，爸爸、媽媽、爺爺、奶奶全部都很寵牠。這隻臘腸習慣了在全家四人的寵愛下生活，每次只要看見有人外出，牠就受不了，然後就一直躲起來，心情非常差，把全家都嚇壞了！

牠是一隻沒結紮的公狗，主人也說牠非常乖，從來不亂叫、不亂咬、不亂大小便，行為都很正常，一點問題也沒有。我聽完卻很擔心，因為牠從來不亂叫、不亂咬……我說過，那可能表示牠沒有抒發的管道，壓力都悶在心裡，情緒往肚子裡吞，這其實才是最大的問題；再加上牠是一隻非常受寵的小狗，一家四個人沒事就抱牠、跟牠玩、跟牠睡。牠習慣了被四位主人的愛包圍著，不但完全無法獨處，還一定要四位主人都陪著，無法忍受有任何一人離開，否則就會感到緊張焦慮。我建議主人要做一些改變：

①結紮：公狗如果沒有結紮，本身就會有一些生理上的壓力。
②飲食：對牠的食物做調整，改掉挑食的習慣。
③休閒：出門時不要只讓牠坐推車，也要讓牠下來在地上好好散步。
④訓練：陪牠玩動作的遊戲訓練或思考訓練，能有效消耗牠的體力。
⑤休息：讓牠有足夠的休息時間以及規律的睡眠作息。
⑥籠內訓練：給牠獨處的空間與時間。

等到牠上課到第四週時，牠開始能獨自休息，且看到人離開也不焦慮了。

熊爸訓犬第 7 招：
結紮

迷思 1：狗養在家裡不出門，不會接觸異性，不需要結紮。

狗結紮不只節育，也為了健康。

迷思 2：狗一旦結紮，就會發胖。

狗結紮後只要注意飲食，一樣可以維持標準身材。

迷思 3：狗一旦結紮後，會因此而自卑，行為會變壞。

這只是人類自己的心理投射，狗並不會想這麼多。

結紮才是為狗狗好

談到訓犬大法，一定不能忽略了結紮的重要性！

已經有很多動物醫學研究證實，許多狗狗的疾病都是因為沒有結紮，也沒有正常的性生活所造成的，例如，母狗容易子宮蓄膿，增加罹患乳線癌的機率……等，公狗就容易得到圍肛腫瘤、攝護線肥大等問題。

大部分的飼主不願意幫寵物做結紮手術，多半不是擔心手術的風險，或認為沒有必要，而是卡在「被閹割」、「失去子宮」這些心理障礙，尤其是公狗，總覺得，「這樣心愛的狗狗不就變成公公了？那牠會多自卑啊！」另一方面，也覺得擅自替寵物決定要拿掉牠的性別特徵，讓牠變成中性的，這樣是不是有點不人道？

我曾經也因為這種情結而相當掙扎。熊熊兩歲時，我都沒有幫牠結紮，直到某一次帶牠去錄影，看到平時很乖巧穩定的牠，竟然一直發出低聲的哀鳴，原來現場有一隻正在發情的母狗。其他的公狗都快發狂了，即使是平時訓練有素的熊熊也沒辦法淡定，畢竟，異性相吸是天性使然，發情中的費洛蒙，對公狗根本是致命的吸引力。

我覺得自己對熊熊實在是太殘忍了，讓牠有生理的需求，卻又強迫牠必須壓抑忍耐，這樣才是非常地不人道！於是，一錄完影，我馬上打電話跟醫師預約幫熊熊結紮！

不要以為你家的狗狗，不會面對這種近距離的誘惑考驗，對公狗來說，五公里內只要有一隻母狗發情，牠就可以嗅到牠的氣味，產生生理上的影響。

以狗的需求來看，首先是食物，二是躲避危險，三是交配，其中又以交配最為重要。如果這三樣需求同時出現時，牠可以不吃不喝，也可以不怕危險，但一定要交配。

這樣看來，你一定會說：「交配對牠們來說這麼重要，那我怎麼可以把牠結紮呢？」當然，如果你問狗願不願意結紮，牠一定不要！但是仔細深思一下，如果讓牠保有一個這麼重要的需求，卻又無法滿足牠，那對牠來說，反而變成了極大的困擾！尤其是公狗，牠幾乎每一天都在分泌雄性賀爾蒙，都在渴望交配，但卻又沒辦法發洩，你想想，牠的心情會有多壞！

所以，主人必須用理性的態度來看待結紮這件事，站在狗狗的立場替牠想。一隻養在家中的寵物，一生都沒什麼機會跟異性擁有正常性生活，結紮對牠來說才是比較人道的做法。

如果主人排斥讓狗結紮，解決辦法就是要克服自己的心理障礙，因為狗狗並沒有這些想法。對牠來說，只是去醫院打一針麻醉，然後就睡著了，醒來後並不知道發生什麼事，手術也已經完成了。

結紮後的狗狗，賀爾蒙的分泌會慢慢淡掉，狗就比較不會一直想找女朋友，心情反而會很輕鬆，對牠來說是滿好的。

而沒有結紮的母狗，在行為上的影響比較少。牠們一年只會有兩次發情期會吸引公狗，有的會有假懷孕的現象，產生保護小狗的母性，變得非常護食、藏東西。母狗雖然不像沒結紮的公狗，容易衍生問題行為、情緒衝動、心情鬱悶，但是沒結紮的母狗比起結紮的母狗，罹患相關疾病的機率高達七成以上，所以更有必要結紮。

結紮要趁早，這樣對行為的影響會更小，大約在狗狗九週大的時候就可以進行結紮了；但是如果沒有特殊需求，還是建議狗狗出生後的六到八個月內是結紮的好時機。雖然至今全世界的學者對於結紮仍有不同的看法，但是如果你沒有打算讓狗狗生育，或是狗狗的行為問題的確是出於沒結紮的壓力，還是建議要帶狗狗結紮；至於你的狗狗何時適合結紮，可以諮詢信任的寵物醫師。

熊爸訓犬心法第 1 式：獎勵

迷思 1：狗做錯事當然也要處罰，牠才會知錯能改！
處罰只會讓狗感到困惑與害怕，獎勵可以讓牠「知對」，這遠比「知錯」重要！

迷思 2：要做到賞罰分明才公平。
賞與罰所帶來的刺激強度不同，這其實一點也不公平！牠只注意處罰的部分，有沒有領獎已不重要了。

迷思 3：小孩不打不爭氣，處罰才能教出聽話的好狗狗。
處罰只會讓狗沒自信，沒能力教育狗的主人才會處罰狗。從小我們都被父母這樣教，但我不會再這樣教狗了。

「獎勵」教出自信狗

現代養狗的知識豐富，狗的生活品質也大幅提升，狗不再只是養來看家的，更是備受寵愛的毛孩子，是重要的家庭成員！時代在進步，養狗的觀念也要跟著進步。完全以「獎勵」的方式來教育狗狗，讓狗狗在獎勵中學習到正確的事情、建立牠的自信心、啟發牠的潛力，這是目前最先進的教育方式。

東方社會的傳統教育方式，普遍認為「棒下出孝子」，相信虎爸、虎媽的教育方式才能教出優秀的孩子，但是真的是這樣嗎？我自己本身也是從小一路被打到大，但回想起來，每次被打的時候，心中只有滿滿的憤怒和委屈。小孩真的會因此瞭解自己為何被打，或是變得更聽話嗎？會因為被處罰了，下次考試就會變成一百分嗎？重點是，會因為被打而更愛父母嗎？答案當然是否定的。打罵只會讓孩子對父母產生負面情緒，變得跟父母對立疏離；一旦孩子做錯了事，第一個想到的就是要怎樣逃避被打罵的命運。在過程中，學到的只是掩蓋自己的過錯，而不是用正面的心態去面對自己的錯誤，並從中學習到檢討改進的方法。

我本身也從不打罵小孩。我的女兒跟同儕的互動很好，跟老師感情也好，因為從小在鼓勵的環境長大，根本不需要打罵她；當她做錯事情時，只要我對她說：「這樣不好，爸爸不喜歡喔！」再讓她知道原因，根本不用兇巴巴的口吻，也無需大聲，光是這樣的強度就會讓她很難過了。

教狗跟教小孩的原理有很多相通之處，因為狗就是小孩子，而且一輩子都是小孩子，只要主人認知了這一點，把牠們當孩子看待，就能夠容許你的狗有一些犯錯的空間，這是每一位主人都要有的心理建設。當狗狗做得正確，你可以獎勵牠，在牠犯錯時把牠導入正途就好，千萬不要一犯錯就先處罰，讓牠變成一隻沒自信又不愛學習的狗。

以訓練大小便為例，當狗在家裡亂上廁所時，主人常會抓牠去聞大便，或把牠關進廁所處罰。這樣的方式，只是讓牠學到「大便＋主人＋牠＝被打」，而關廁所只是限制牠的行動，牠還是不懂到底怎麼了。請大家千萬別再利用此方法，拜託！因為沒用！

如果有人告訴你這種方式有用，那其實是狗很聰明，自己找到了出路，不是你教會了牠。狗被關進廁所的時候，會因為緊張而哭叫、尿尿，這些都是正常的反應；當你因為牠在廁所尿尿後放牠出來，就會讓牠以為被關時，要尿尿後才可以出來，因此自己學到了在廁所尿。你以為是你的處罰奏效，其實只是湊巧而已，而牠在過程中已經受了傷害，可能導致牠下次亂尿時，為了讓證物消失，就吃掉便便、舔乾淨尿液，或躲在你看不到的地方亂大小便。

很多因為亂尿尿而被罵的狗狗，都要等到在每個地方都尿過了、被罵了一大圈之後，才終於找到對的地方；反之，當牠亂尿時你不罵牠，但尿對就獎勵，牠反而很快就記得。就像如果你每次大小便可以領錢，我相信你不會亂上，也因為你愛乾淨，更不會亂上，而你的狗比你還愛乾淨。

「我剛開始也是有好好教牠啊！但是牠就是都說不聽，我才會打牠。」

這是飼主最常說的話，但並不能成為打狗的理由。我說過，狗就是小孩，小孩講不聽，不是很正常嗎？但就算講不聽，我們還是要繼續講，總有一天孩子會聽進去。飼主處罰狗最常見的理由就是亂尿尿，甚至有很多幼犬因此被棄養，但是小狗才兩、三個月大，就期望牠會自己去尿片上尿尿，會不會太嚴苛了？

我曾經教過一隻才三個多月大的紅貴賓，牠之前因為亂尿尿而被打過，雖然年紀還很小，但已經變得很難教。牠從來不在人面前上廁所，都是抓準沒人看到時才偷尿尿，因為在牠的經驗中，「上廁所」等於「被打罵」。主人為了要有機會獎勵牠，必須先假裝出門，花很長時間等待牠尿尿了，才能給獎勵；後來，主人只好把牠送來寄宿在我們這裡，要有人二十四小時觀察，才能抓準機會來獎勵牠。

原本很簡單的尿尿訓練，最後卻變得如此困難，就是因為主人以為處罰會教得比較快，結果卻適得其反。

打罵教育已經落伍了，訓練狗狗時絕對禁止體罰或是任何形式的處罰。只要利用獎勵來教導狗狗，就能培育出身心健康、行為教養良好的狗狗。

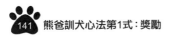

賞罰很難分明

「處罰，是給無能的主人用的！」

這是我經常說的一句話，因為會處罰狗的主人，多半是自己不懂怎麼教狗，氣狗都教不會，才會處罰牠。說穿了，其實只是主人不知道該怎麼辦，又覺得應該要做點什麼，或是發洩自己的情緒而已。

我認為，會教狗的人，才不需要用到處罰。當你很生氣，想打罵狗時，應該先處罰自己，因為狗不乖真的是主人的責任，是你沒教好！

有的訓練師會說，對狗要「賞罰分明」，我總覺得這句話暗藏玄機。賞與罰的強度要對等，才算是賞罰分明，否則要如何做到所謂的賞罰分明呢？如果我們上班的制度是，全勤給獎金，但遲到時老闆在門口賞你一巴掌，而不是罰錢，這樣算賞罰分明嗎？之前職棒打放水球時，聽說黑道大哥是把槍和錢放在球員面前，讓他二選一，我想球員上場打球時，心裡想的一定不是能拿多少錢，而是會不會挨子彈，畢竟那種壓力實在太大了。

打罵的方式要產生效果，牽涉到處罰的強度。每個人對處罰的承受度不同，很難評估要用到多嚴厲的處罰才會令人謹記在心，而對於承受度比較弱的人來說，只要稍微對他大聲一點，可能就會難過好幾天。就像同樣的家庭教育教出的孩子，承受度都未必相同，我被打了，可以忍著不哭，我姊姊卻是被主管唸一下，就會失眠好幾週。

狗也是一樣，承受度各有差異，很難去判斷處罰的強度該如何拿捏。幼犬比較膽小敏感，很多小狗只被處罰一次，或是被輕輕打一下，就會留下陰影；而且，事後的處罰根本無法讓狗狗聯想被罰的原因，有很多小狗受到處罰後，一轉眼就忘記自己為何被罰。所以，處罰真的未必能讓狗狗知道自己錯在哪，處罰的原則比獎勵更難許多。

對狗狗打罵，或用P字鍊拉扯脖子、用電擊項圈電狗、拉扯牽繩、用報紙敲地板、對狗丟保特瓶、拔毛處罰……等，這些都等同於我們上班遲到被打巴掌，算是虐待了！會讓狗的自信心低落，不肯學習，甚至為了保護自己而產生攻擊行為。

處罰拿捏不當，造成的風險不只是影響狗的心理，稍有不慎還可能導致無法挽回的悲劇。

不久前，我看見一則很讓人難過的消息。有一隻貴賓狗因為很愛吠叫，遭到鄰居抗議。主人在寵物店買了一個電擊項圈給狗狗戴上，當牠一叫就會受到電流刺激，會被嚇得不敢叫，但是最後這隻狗狗卻因為被電擊而暴斃死掉了。這隻狗才一歲大，原本很健康活潑，卻只是因為吠叫問題的處罰不當，就喪失了寶貴的生命，主人傷心後悔也來不及了。

如同我一再強調的，每隻狗狗的承受度和反應都不同，電擊圈很難確保安全性，事實證明，戴上電擊圈非但沒法讓狗停止吠叫，反而極可能造成牠的恐懼和不適，更讓牠叫個不停。

吠叫問題並不難矯正。當狗失控亂叫、亂跳時，你可以安撫牠面對刺激，或是轉移牠的注意力，讓牠冷靜下來，停止當下的不當行為，而不是以吼罵的方式來阻止牠，牠會誤以為你是跟著牠一起叫，只會愈來愈激動。

處罰真的沒有比獎勵簡單，其實更麻煩，不但很難拿捏力度，還會壓抑到狗狗學習的欲望和自信心，更會破壞主人和狗狗的感情，而且在處罰的過程中，狗和主人的心情都不會好。既然如此，為何不好好學習一下，如何用獎勵的方式來教育狗狗呢？

外在獎勵與內在獎勵

①外在獎勵

等同於人類的金錢、獎品、旅遊這些外在的物質獎賞，這些獎勵會讓人有動力並獲得快樂。對狗來說，外在獎勵就是食物和玩具，或是帶牠出去玩。獎賞因給予的時機不同而有不同的效果，例如，當狗已經等在門口時，你要求牠坐下，牠也辦到了，牠這時最渴望的獎勵是出門，而不是食物。

獎勵要講求「情境」，最符合當下牠所期待的，就是最棒的獎勵。

② 內在獎勵

指內心感受到的獎勵，例如，讚美、興趣、感情因素……等無形的獎賞。認同與讚美對人類來說是一種內在獎勵，對狗來說也是如此，只是除了讚美的詞彙，還要配合上口吻、音調、表情這些愉快甜美的訊號，用極盡肉麻的口吻強調牠「乖」，牠才會接收到「你好乖喔！」這句讚美，而「乖」這個字眼才會對牠具有獎勵的意義。

興趣，也是一種內在獎勵，可以讓你感覺到好玩、有成就感的事情，沒人逼你也會去做。比如說我從以前就喜歡打籃球，沒人給我錢，也沒人逼我，我每天一下課就衝去籃球場，因為籃球是我的興趣。狗狗對喜歡玩的遊戲也是一樣的。

感情因素也是內在獎勵，例如我們對朋友的情義相挺，對狗來說，主人就是最棒的獎勵。狗天生就是為主人而活的，如果你們感情好，你跟牠的互動就是給牠的內在獎賞；若是感情很差，牠對你的訓練也不會感興趣。當你瞭解牠的需要，牠也會在訓練中得到成就和快樂；牠的滿足感不再只是為了吃，而是因為你的加持使食物變得更好吃。

最好能讓狗狗從被外在獎勵驅使，轉變為追求內在獎勵而行動。例如剛開始玩訓練遊戲時，狗狗是為了得到食物或玩具等等的外在獎勵；等到牠玩出興趣之後，就算沒有食物或玩具，但因為主人喜歡，或牠覺得好玩，牠還是會聽從命令做出動作。

「知對」比「知錯」重要

我聽過很多主人說，「我從來不打狗！」但是他卻經常一生氣就把狗關在廁所裡，這一樣是一種處罰，一樣是不對的！我強調，要用獎勵完全取代任何形式的處罰。很多飼主反問我：「如果完全不處罰，那狗做錯事時，牠怎麼會知道自己錯了？」我的回答是：「讓狗知錯不重要，讓牠理解什麼是對的，才是最重要的！」

狗狗做錯時，不用特別理會，只需要忽略牠，但一旦牠做對了，就要立即獎勵！被獎勵時狗狗最開心，這時教牠的事情牠最容易記得，學習的效果最好。

千萬不要抱著「做錯了不可以，做對就是應該的」這種觀念，同樣的道理，難道你上班時，老闆會因為你做對的事情就不用發薪水給你嗎？對狗來說，得到獎勵就像是你上班會有薪水一樣，是非常重要的動力。

人和狗一樣，天生都喜歡被讚美，喜歡接受獎勵。但大家會說：「我知道要稱讚啊！但狗狗做錯了我也要讓牠知道！」天啊！我也很想讓我老婆知道她哪裡做錯了，我也很想制止她做一些事，但她總是不鳥我（猛獸真的很難教）；但當我了解到獎勵是多麼神奇的事時，我竟然成功地讓我老婆做我喜歡的事情。例如，我很喜歡吃我老婆煮的菜，煮飯是她的興趣，但我並沒有認為她煮飯給我吃是理所當然，每次都會好好地讚美一下，還要搭配生動的表情，一臉幸福地告訴她：「妳不只廚藝好，煮出來的東西超好吃，在廚房裡做菜的樣子更是美麗又性感。」雖然我沒有付薪水請她煮飯給我吃，但她每次煮飯時都特別開心。

狗狗教育訓練的初期，主人通常都以外在獎勵為開始。有人說：「用獎勵訓練狗，狗聽話也只是為了吃或好處而已，才不是真的想聽主人的話呢！」其實不是如此，給獎賞是必要的，並不會因此而教出一隻只為了吃或好處而聽話的狗。如果真是這樣，那就是訓練方式不對，不是狗的問題。

狗是非常非常愛你的。當你們之間產生一個很強的互動關係時，就算你身上完全不帶零食或玩具，狗還是願意做到主人要求的事。當然，有時候配合一些食物或玩具，會讓狗狗更開心，但絕不是因為食物或玩具，而是因為你。因為你，食物才好吃，因為你，玩具才好玩。

這有點像我們剛開始上班時，薪水、休假制度這些報酬是我們替老闆工作的出發點，但是厲害的老闆，除了給員工薪水，還會訂定其他獎勵辦法：全勤給獎金、年終考績、員工旅遊……以及很多其他的相關福利，來激勵員工把工作做好，甚至會培養員工間的感情，提升員工的素質，讓員工有成就感和榮譽感。這些無形的獎勵，會讓員工對老闆產生更大的認同，願意付出更多。

記住！每要求牠一件事，就要給一次獎勵，也不要因為牠已經會了，就不再獎勵，還是每一次都要讚美。舉例來說，當我要熊熊到我面前坐下時，我叫牠：「熊熊，過來！坐下！好乖喲！」這樣的對白，經常出現在大家和狗狗的互動中，看起來並沒什麼不妥，但其中卻已經錯失了一些細節。對人來說，這一連串的動作被視為同一件事，但對狗來說這其實是三件事。

當我叫牠的名字「熊熊！」

在訓犬時，你要讓外在獎勵進階為內在獎勵。例如，每次當牠做對事情時，一定要立即好好地稱讚，也可以給牠一顆零食，但是過一段時間後就不用再給零食了，因為你的讚美對牠來說已經是很棒的內在獎勵。

牠抬起頭來看我、回應我，這就是一件事，我應該馬上說：「好乖！」然後給牠一個獎勵。接著我叫牠：「過來！」牠也過來了，要再次稱讚牠並給一個獎勵。我又說：「坐下！」牠也坐了，那就要再稱讚牠「好乖！」又再給一個獎勵。這樣才算是按件計酬，否則在狗的邏輯中就會變成，有人叫牠，牠過來了，但得到的獎賞卻是「坐下」，這會讓牠覺得主人很奇怪，怎麼不給我應有的獎勵呢？老是得不到獎勵的狗狗，會漸漸地不信任主人。

狗的小腦袋瓜，對記憶的連結很短暫，牠一旦做了對的事情，一定要馬上給予獎賞，無論是口頭讚美或是零食獎賞。最好把握「關鍵兩秒」，要在兩秒鐘之內發給牠，否則，就會錯失讓牠聯想在一起的良機，狗狗會不知道獎勵跟自己做的哪一件事有關聯，會誤以為自己只是莫名其妙撿到了好康。

物以稀為貴，狗的心態也是如此，我們可以把零食分幾個等級，愈少給的等級愈高，讓獎賞有等級的分別。普通的零食可以在家給，高級的零食是出外用，這樣當狗狗遇到環境刺激比較多，或是要做比較難的訓練時，高級的獎賞才會有更大的吸引力。

獎勵用的零食，可以同時準備三到四種以上，讓獎賞有些變化，狗狗會覺得比較有新鮮感。平時保存時，不同的零食放在不同的盒子裡分裝好，不要混在一起，它們才不會變成同一種味道。

③零食不影響正餐。

零食不能影響到正餐，總量必須控制好。可以在訓練前，先準備好適當的份，把零食剪成一小粒一小粒。

不用太擔心狗會因此而挑食，如果吃飯的份量和時間都很正常，零食就不會影響到正餐。

獎勵的瓶頸

① 狗不稀罕主人的獎勵

獎勵必須是狗所渴望得到的，牠才會有動力。想像一下，如果你要給比爾．蓋茲一輛賓士車做獎勵，他會稀罕嗎？

② 狗和主人感情不好，獎勵沒意義

獎勵是要來自喜歡的人，我們才會珍惜。如果是你討厭的人送給你一根棒棒糖，你也未必想要吧？

③ 你想要訓練的事情，連獎勵的機會都沒有

如果你想要訓練狗狗做出牠不太可能剛好主動會做的事，例如倒立，就比較難找到機會獎勵牠。

想要突破訓練的瓶頸，讓獎勵對狗具有意義，就必須瞭解獎勵的遊戲規則。首先，

要讓狗狗知道「天下沒有白吃的午餐」，牠必須要乖才會有獎賞，所以，狗狗的生活管理要調整好，零食不能隨時想給就給，這樣牠才會明白，「想要得到好東西，需要先有好表現」。再來就是要培養好主人和狗狗的關係，你們感情好，狗狗才會在乎你給的獎勵。同時，主人也要花心思創造情境，讓牠有機會可以被獎勵，或者用點技巧，引導狗出現你要的動作，再乘機獎勵牠。

主人可以從最基本的零食獎勵開始，因為吃是基本欲望，不必教也會；遊戲也能激起狗的興趣，畢竟大家都想要快樂，不是嗎？運用獎勵來訓練狗狗，比處罰簡單太多了。就算是年紀比較大，問題比較多的狗狗，一樣可以透過獎勵來訓練，只是前面的準備功課要做得更多，例如要先從培養感情開始。

只要瞭解了獎勵的原則和方法，並且在訓練過程中，觀察自家狗狗喜好的獎賞是什麼，找出適合你和狗狗的模式，靈活運用，一定可以教出符合你心中期望的好狗狗。

擺臭臉就是最大的處罰

再次提醒，對狗狗來說最好的獎勵獎品，就是你。但是當狗狗做錯事，而你真的需要牠能了解，就對牠擺個臭臉吧！牠愛你，所以牠不希望你對牠擺臭臉，這樣牠就會明白的。

熊爸訓犬心法第 2 式：啟發思考訓練

迷思 1：狗是服從的動物，有指令才知道要做什麼。

狗其實很聰明，經過啟發思考的訓練，牠自己就會選擇該做的事。

迷思 2：狗很重視位階，主人的地位一定要比狗高，牠才會聽話。

狗愛主人，才會願意為主人付出，不是因為位階高低。

迷思 3：啟發狗狗思考太花時間，還是直接命令牠比較快。

一旦狗狗學會了思考，以後學什麼都很容易，是最有效率的訓練方式。

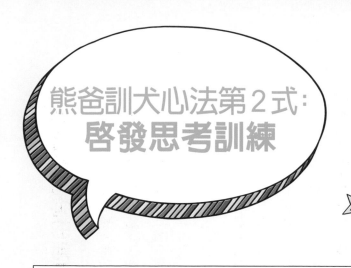

啓發狗狗的無限智慧

隨著狗在人類社會中地位的提升，訓犬觀念也一直在進步。過去一味講求指令與服從的教育方式已經落伍了，如何運用技巧啟發狗狗的思考，給牠自己選擇的機會，把思考和選擇這兩個重要的機制運用在訓練上，這種「啟發式的教育」才是現代動物行為訓練觀念中，相當重要的觀念。

狗狗的智商到底有多高？過去有研究報告指出，沒經過訓練的狗狗，平均智商相當於兩、三歲的孩童，經過訓練之後可以擁有相當於五、六歲，甚至更高齡孩童的智力。透過啟發教育而思考的狗狗，智力的發展更讓人驚喜，狗狗已經進化得愈來愈聰明。

啟發式教育能夠激發出狗狗的潛能，活化牠的智力，讓學習力更好，並且鼓勵牠表達自己的意志，發展自己的性格，讓狗的身心更加健全，人與狗的關係更愉快。

受到啟發的狗狗可以擁有思考的能力，為自己想要的事情做出選擇，而不只是教出一個口令一個動作、對主人言聽計從、壓抑想法的狗狗。

常有主人對我說：「熊爸，我的狗什麼都不會沒關係，我只要求散步時牠自己會一直跟在我旁邊就好。」我總是會笑一笑，認真地回答：「你挑了一個最難教的事情！」

這樣說一點也不誇張。要做到這一點，必須先讓狗狗體會到，跟在你旁邊有什麼好，不跟的話又有什麼不好，牠才會選擇是否要跟在你旁邊。

過去的訓練方式，多半沒有給狗狗體驗的機會。訓練散步時，多半會把牽繩拉得緊緊的，控制牠只能在你的腳側隨行，否則主人就會用P字鍊拉扯狗狗的脖子，做為處罰。那牠學習到的就只是不得不跟在你旁邊而已，並不是自發性地願意跟隨著你。

但是，你可以試試看這個方法：每次牠剛好走到你旁邊時，就給牠一個獎勵，然後就移動開來；幾次之後，牠就體會到跟在你旁邊的好處，牠會開始思考：「我為何現在有東西可以吃？我做別的事情時，都不會得到東西，但每次我過來主人身邊就有東西吃。」那麼，牠自然就會主動做出選擇，決定自己要不要跟在主人身邊。

在這個過程中，有一點很重要，就是當牠過來時可以給牠獎勵，但牠不跟過來時，也不用責罵牠或刻意呼喚牠過來，只需要忽略就好，讓牠繼續自己在角落玩也沒關係；但當牠剛好又靠近你時，一樣繼續給牠獎勵。這樣牠自己就會做比較，在思考後做出選擇來。如果是牠不過來就得到處罰，那變成是被逼迫才跟著你，這樣以後永遠都是你要求，牠怕被罰才跟著，一旦你不要求，牠自己就不會想跟著你了。我們應該給狗狗一些彈性空間，讓牠有犯錯的機會，從錯誤中學習到什麼才是好的，而不是一犯錯就被處罰，那牠永遠都只知道什麼是錯的，卻沒有體驗和比較的機會。

大多數的主人都不希望狗亂叫，但並沒有給牠機會去體會「叫」跟「不叫」之間的差異。如果牠亂叫時你暫時忽略，牠一停下來你就給牠獎勵，幾次之後，牠就會知道不叫好像比較好。

我也常聽到飼主說：「我給狗狗的都是最好的，但牠還是不領情。」但是狗狗又沒有機會去比較，牠怎麼知道那是最好的？而且主人認為的好，真的是狗狗認為的好嗎？

回想一下，我們自己的成長經驗，不也是如此？從小，媽媽就一直耳提面命，要我好好唸書，長大才會有成就。我雖然知道唸書是好事，卻不知道不唸書又會怎麼樣。媽媽也常說，家裡是最溫暖的，但我們也不知道外面到底有多不溫暖？相較之下，家裡到底有多溫暖？直到有一天，我們自己在外打拚時，就自然體會到，家真的才是最溫暖的。我現在也體會到，「書到用時方恨少」，不用別人逼，自己也會想要繼續進修、吸收知識。

啓發狗狗的思考力

啟發，就是先經由引導，慢慢促使牠思考，進而自發性地做出你希望的事情。聽起來好像有點深奧，但實際操作起來並不困難。訓練的時候不要給自己太大壓力，沒做好也沒關係。這種訓練方式，是過程論而非結果論的，我們重視的是狗狗在過程中被啟發了什麼，而不是有沒有馬上達到預設的結果。

以坐下訓練為例，我們可以先用零食在狗的鼻子前面引誘牠，通常這時狗會把頭抬高、身體往後退，這樣的肢體動作會讓牠自然地坐下；當牠坐下時就把零食給牠吃。連續這樣操作三次之

在啟發的過程中，「獎勵」是促使狗狗思考的一大動力。

後，第四次沒有拿零食引誘牠，但牠想到剛剛自己一坐下，馬上有零食獎勵，牠可能就會自發性地選擇坐下，這時再給牠零食，讓牠應證自己的思考結果，牠就學會了坐下。

誘導在啟發訓練時只是一開始的手段，一旦狗狗學會了，就不需要每一次都需要被誘導才知道該做什麼。這是傳統訓練方式與現代訓練方式不同的地方，把誘導的比例調整得比較少，主要還是希望狗能經過啟發後，自己思考該怎麼做。

有句話說「要讓孩子贏在起跑點」，但我卻覺得應該要「贏在終點」才有意義！誘導雖然可以讓狗狗很快達到你想要的結果，但那只是贏在起跑點而已，啟發卻可以讓狗贏在後段的訓練效率上。受過啟發教育的狗狗，學什麼都會很快，因為在牠的腦子裡已經建立了思考的路徑。一般來說，單以誘導的方式給狗指令來做訓練，一個動作通常要學習五天以上，但若是用啟發思考的方式，可能五分鐘就學會了。我的熊熊在電視上表演過「裝死」，這一招我只花了十分鐘訓練，牠就學會了。我只是趁著電視廣告的時間教一下、啟發一下，然後讓牠自發地行動，牠馬上就知道該怎麼做。

我家的另一隻拉不拉多犬肥肥，是跟著我老婆一起嫁過來的狗。牠從小沒有被訓練過，膽子很小，眼睛又常會流淚。每次我幫牠擦眼睛時，牠都會害怕地一直閃躲，必須由一個人安撫牠，另一人趕緊擦，搞得人狗都很緊張。我覺得這樣下去不行。有一天，我要幫牠擦眼睛前，就利用短短的時間，訓練牠鼻子頂食物，把狗餅乾放在牠的鼻子上，當牠的專注力都在餅乾上，停住不動時就乘機擦牠的眼睛，等擦好了，我講「OK！」牠就把餅乾吃掉。在這短短的時間裡，巧妙地用餅乾轉移了牠的恐懼，從此，擦眼睛再也不是難事，就算沒有餅乾，也可以順利把眼睛擦乾。

我們生活中也有例子能說明啟發訓練的精神。現在的汽車都有導航系統，雖然很方便，但是我們認路的能力卻變弱了。假設我要去國父紀念館，導航系統會幫我計算出一條路線，我只要跟著指示走，就能抵達目的地；下次沒有導航時，我可能就到不了，因為沒有那個自己找路、認路的過程。但是以前沒有導航時，我們就算這次多繞了路，也多認了一條路，下次再去那附近時就會走了。這說明了即使在錯誤的經驗中，也會累積很好的心得。所以，最聰明的方法，就是前三次看導航，第四次就不依賴導航，自己試試看，一旦靠自己成功到達目的地，就認得這條路了。

狗狗的啟發訓練也是如此，可以先用引導、誘導的方式，來讓牠做到你希望的事情，之後，就讓牠自己去思考，判斷現在該做什麼。一旦啟發了狗狗的思考能力，以後就算你不誘導牠，牠也會觀察現在的情境，做出正確的事情，而且還會舉一反三，變成一隻學習力很強的聰明狗狗。

思考訓練的「37定律」

思考訓練，並不是完全不能引導狗狗，只是訓練時的比例分配，不是純粹以引導為主，而是採取「37定律」，引導佔三成，思考佔七成。也就是說，在一回合的訓練中，前三次可以用引導的方式，引導狗狗做出對的事情；第四次開始，完全不給任何訊號，讓狗狗自己去想現在該怎麼做。

訓練的技巧是，一次訓練的過程必須在兩分鐘以內。前三次以誘導的方式，讓狗狗做到你要求的動作；第四次開始，就讓狗狗自己想，不需要給任何提示，等待牠做出正確的動作，然後及時獎勵。兩分鐘到的時候，不管有沒有做完訓練都要休息，因為超過兩分鐘之後，狗狗就會累了；即使不到兩分鐘就做完了十次（三次引導加七次自發），也要休息，然後再重新開始下一回合的練習：前三次引導，後面七次讓牠自己思考。

在訓練的過程中，狗狗會慢慢進步。如果前三次配合口令之後，只做完兩次自發性的動作，時間就到了，那牠還是必須休息，下一次訓練再說。不過一般初學，不需做到十次這麼多，我都建議八次就好，前三引導，後五自發，一共做八次就行。

以門前訓練為例。當牠走到門口前，前三次都以口令叫牠坐下，等牠坐下了就給獎

①給予狗狗指令。

②等待牠做出動作。

③立即給予獎勵。

勵，然後開門出去；第四次走到門口前，不給口令和提示，這時狗狗會突然愣住，你就不管牠，等牠自己做出反應。牠可能會開始思考：「發生什麼事了？主人現在想要我幹嘛？」牠可能會想到：「主人之前都是叫我坐下，那就試試看坐下好了。」一旦牠坐下，就給獎勵，以後牠到了門前就會自己坐下，也學好了門前訓練。這個訓練，針對主人一開門就暴衝的狗狗會有很大的改善。

如果想要訓練狗狗在主人講電話時安靜等待，可以在牽著狗散步時，設定電話鈴聲；當鈴聲響起，就叫牠坐下，假裝講電話，同時獎勵牠。如此重複三次，第四次時，你一樣在電話鈴響後接電話，但先不給狗狗指令，等到牠自己坐下，再給獎勵，牠就學會了當主人講電話時，要乖乖坐下等待。

帶狗狗去餐廳、公園也是一樣，當你一坐下，就先叫狗趴下，並且獎勵牠；三次後，你自己先坐下但卻不叫牠趴下，看看當牠看見你坐下時會如何反應。掌握同樣的原則，訓練幾次之後，狗狗一看見你坐下來，自然就會安靜地在你旁邊趴下了。

你也可以完全不引導、不誘導，直接等待、設計情境，利用「捕捉」的方式。一看到牠做出你喜歡的行為，立即獎勵，狗狗會學得更快更好。

讓狗狗愛你

當你在啟發訓練你的狗狗時，有一個很重要的前提，那就是你們的感情基礎要好。如果狗狗看到你就閃得遠遠的，那就比較不容易找到機會好好做啟發訓練了。

有些主人會抱怨自己的狗，經常一出門就急著衝走，叫都叫不回來。這代表這隻狗很壞嗎？我認為那只是顯示出兩種可能：一是狗跟主人的感情不好，二是對狗狗來說，其他東西比主人更有趣或更重要，所以牠不想回來。

在狗的心中，人事物都會有排名順序，也都會有自己的喜惡。如果家中的爸爸和媽媽兩個主人同時叫牠，牠優先選擇跑向爸爸，這並不表示牠只認定爸爸是牠的主人，只是心中的第一順位是爸爸。當爸爸不在時，或是只有媽媽叫牠時，牠還是會跑向媽媽身邊。

我們唸書時，也會特別喜歡上某位老師的課。同學會說：「英文老師上課好有趣喔！可是一上數學課就想睡覺。」同樣的，這位數學老師也會抱怨：「這一班的學生都在偷偷打瞌睡，考試又考不好，真是一班笨學生。」英文老師卻說：「不會啊！他們上課時很專心啊！」同一班的學生，在上不同老師的課，卻發展出不一樣的結果。請問，問題是出在老師還是學生呢？

我的老師戴更基醫師常說：「沒有教不好的狗，只有不會教的主人！」狗沒教好，多半是因為主人沒抓到訓練的要領。如果狗狗已經帶去給老師上課了，我們就要想辦法讓主人進步，能夠把自己的狗教好，所以，上課時最好是主人和狗狗能一起來，才能有最好的效果。狗狗參加訓練班，就像小孩要上學一樣，回到家裡，家長還是有教育的責任。我不建議把狗單獨放在訓犬班，完全丟給老師來教，這樣的訓練方式，會讓狗狗在班上很乖，回到家裡又不聽話了，那是因為主人並沒有跟著狗狗一起學習，一起進步。

人與狗的關係是相當有趣的，在上課過程中常會發現，很多狗狗的問題行為，都不在於狗聽不聽主人的話，而是主人太聽狗的話了！因為狗是非常聰明的動物，也很會觀察人的言行態度，一旦牠發現主人會一直滿足牠的要求，就會學到如何操控主人來達到自己的目的。我們經常看見主人總是在配合狗的行為，不斷掉入牠的陷阱，對這樣的狗狗來說，主人只是服務牠的人。一味地配合狗，不見得會因此得到牠的愛與尊重，而且，不斷滿足狗的需求，對狗本身來說也未必是一件好事。

希望狗愛上主人，自己就一定要做些改變！

我們常說要給狗思考和選擇的機會，但狗其實並沒有選擇主人的機會。如果可以，牠一定會選擇好玩、有趣的主人，最重要的是，每隻狗狗都很希望能聽得懂主人說話，瞭解主人到底想要牠做什麼，而不是老是製造牠的困惑和焦慮。

要讓狗愛上主人，一定要想辦法讓狗可以明白你的心意，並不是你要牠愛你，牠就會馬上愛上你，也不是你多愛牠一點，牠就一定會多愛你一點。要改變自己愛牠的方式，再藉由訓練和生活管理上的調整，讓牠體會到自己的主人是最棒最好的！

一旦你的狗狗愛上了你，後續的訓練都會變得很容易。訓練狗狗最大的收穫，不只是你的狗因此學會了什麼，而是在過程中，培養了主人和狗的感情與默契。主人只要花一點時間學習如何彼此好好相處，狗狗就會用牠一輩子的愛來回報主人。

我們要讓狗愛主人，牠才會願意動腦筋思考，去達成主人希望牠做的事情。有的主人常罵自己的狗很笨，不聽話又難教，我心裡大概都猜想得到，他們平時的感情一定就不夠好。

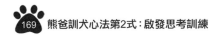

情境式啓發比位階重要

狗狗對主人的愛，是牠樂於學習的關鍵，並非是因為震懾於主人的威權。傳統的訓練觀念強調位階，主人的地位一定要比狗高，讓牠知道誰是老大，因此，很多訓犬師會用強勢的態度來教育狗，要求狗狗做到絕對的指令服從。可是，就像我不用每天跟女兒說「我才是爸爸」，她也能夠知道，只是我必須做一個令她敬愛的爸爸。新的訓犬觀念也不強調位階的高低，訓犬經驗告訴我，訓練時狗教不教得好，位階高根本不是重點，甚至，有的主人本身個性溫和，並不想當一個權威的主人，一樣可以教出很乖的狗。

訓練這件事是不分地位高低的，重點在於要聰明地善用技巧，培養人狗好關係。只要製造出適當的情境來啟發狗狗，讓牠去思考選擇：「這個情境下要做什麼？」當牠選了你要的，就可以得到獎勵，以後不用你說，牠也會照著做。如果你從來不給牠思考選擇的機會，只會高壓式的命令，牠就會變得反應差、學習力低，變成只會一個指令一個動作，個性很被動的狗狗。經過啟發和體驗，學習到如何思考和選擇的狗狗，會懂得分辨在各種情境下該做什麼事情，就算主人沒有開口要求，牠也不太會出錯。相反的，永遠都只會聽命行事的狗，遇到狀況時，一旦沒有命令，牠就不知道該怎麼辦了。

問題行為的矯正運用

教小孩可以不斷地耳提面命，灌輸孩子正確的觀念，但就算父母說了一百遍道理，都比不上自己在經驗中體會應證。

狗狗聽不懂大道理，但牠們有敏銳的觀察力，並且很容易記取經驗，我們可以善用情境的安排，訓練狗狗體會在各種情境下該做什麼反應，進而思考和選擇正確的事情。

如果我們要為狗狗設計情境，以兩種環境考量為前提：

①安全的環境

必須考量環境的安全性，必須讓牠處於一個，即使沒有立刻選擇我們希望的結果，也不會造成危險的狀況。

②狗比較可能選擇你期望的結果的環境

如果環境的其他誘惑太多，狗很可能會被干擾，而始終不選你要求的結果，就會達不到訓練的目的。

下面提出幾種在生活中經常碰到的狀況讓主人做為參考，試著運用情境來訓練你的狗狗，是最有效率的方法，因為這是牠自己透過觀察，思考判斷後做的選擇。

①散步

很多狗到了外面散步時就會很興奮，常會暴衝跑掉，主人連牽繩都拉不住，尤其在公園，常看見主人追著狗跑的畫面。其實狗看見主人在後面追的時候，非但不會停下來，還跑得更開心，因為在這過程中，牠學到了只要一跑開，你就會跟著牠跑，狗只覺得主人是在跟自己玩。

剛開始做散步訓練時，如果選在公園，這樣的環境雖然安全，但環境的刺激太大，寬闊的草坪和其他狗狗對牠來說都比主人更好玩，甚至比零食的誘因更大，牠選擇跟在你旁邊的機率就變低。

所以，應該選擇一個比較單純的環境，從人車較少的巷道開始，當狗狗靠近你，就適時給一點獎勵，讓牠知道在你身邊是比較好的。一旦訓練好了，以後不管在什麼環境，狗狗都會選擇待在你身邊。

②門前訓練

很多狗狗一到家門前，就會激動地亂跳亂叫，一心急著想要衝出去玩。下一次，當你要帶狗出門前，一旦牠又在門前亂跳亂叫時，你就停住不做任何反應，等牠稍微冷靜坐下時你才開門，然後帶牠出去。

幾次之後，不用你命令牠坐下，只要碰到相同的情境，牠就會知道「到門口我要坐下，主人才會開門」。

如果每一次都是你叫狗坐下，牠才會坐下等你，要是哪一天你沒叫牠坐下，可能一開門牠就衝出去了。有很多狗就是這樣走失，或是衝到馬路上發生危險。

③挑食問題

如果狗狗挑食不吃飯，主人可以暫時忽略牠，不要催促或討好；但當牠自己開始吃飯時，就立刻讚美牠，用極其肉麻的聲音說：「好乖喔！乖狗狗！」這時狗狗的心情會很好，也會發現主人很喜歡牠乖乖吃飯。反過來說，如果是牠不吃飯時，主人一直求牠吃，牠體會到的就是：「只要我不吃飯，主人就會來關心我。」這樣反而誤導了狗狗。

④ 撲人問題

當你在逛街的時候，可能遇到朋友，可能停下來看商品，如果你的狗就能主動地乖乖坐下，那不是很好嗎？運用坐下的訓練來停止狗撲人的動作，讓牠選擇撲或不撲，坐下或不坐下，並體會之間的差別。當牠知道撲人時會被忽略，一坐下就有獎勵，以後你根本不用叫牠不要撲人，牠自己就會在人面前坐下。

訓練的前提是，要給牠撲人的機會，也就是犯錯的機會，在牠做不對的事情時忽略牠，做對時馬上獎勵牠。

狗的天性，就是喜歡得到主人的關注，感受到被愛、享受讚美的感覺。所以主人盡量給狗狗很大的空間，讓牠有機會去體會每一件事的好與壞。主人的獎勵與讚美對牠來說就是好事，牠會在經驗中學習到，什麼是主人喜歡的？什麼又是主人不喜歡的？所以，在訓練時主人的態度必須要很明確，才不會造成狗狗的困惑。只要讓狗瞭解了思考和選擇的機制，牠之後跟你的關係和默契會愈來愈好，後續要教牠什麼都會很容易。

矯正的時候，可能因為主人過去用了很多不對的方式，一開始必須花時間忍耐一下，讓狗從犯錯中調整為對的行為。一旦調整好了，牠從此就學會正確地做出反應了。

熊爸訓犬大法總結

在現代忙碌的社會裡，主人除了認真上班賺錢，還要好好照顧狗狗，的確非常辛苦，但綜合以上的養生大法我們來算看看：散步時間一天三次，總共需花二十到三十分鐘時間；餵飯時間一天兩次，總共約十分鐘（放個碗、倒狗食應該不會太久）；每天訓練二十分鐘，玩遊戲或玩玩具二十分鐘。這樣一天花在狗狗身上的時間，大約是一個半小時左右，就算真的非常非常忙，我們每項活動再減少點時間，濃縮為一個小時。如果主人說：「我每天拿不出一個或一個半小時來陪狗狗。」我勸你就別養狗了，去朋友家玩玩狗就好，要不然就多花點錢，請專業人士來幫忙遛狗，或送狗狗去好的安親學校。

國家圖書館出版品預行編目資料

熊爸教你了解狗狗的心事／熊爸著 -- 初版. -- 臺北市：平裝本, 2014.02　面；公分. --（平裝本叢書；第 392 種）(iDO；70)
ISBN 978-957-803-898-1（平裝）

1. 犬訓練 2. 動物心理學

437.354　　103001499

平裝本叢書第 392 種
iDO 070

熊爸教你了解狗狗的心事

不打不罵不處罰，一樣可以教出乖巧快樂的好狗狗！

作　　者—熊爸
文字整理—墨高慧
發 行 人—平雲
出版發行—平裝本出版有限公司
台北市敦化北路 120 巷 50 號
電話◎ 02-27168888
郵撥帳號◎ 18999606 號
皇冠出版社（香港）有限公司
香港銅鑼灣道 180 號百樂商業中心
19 字樓 1903 室
電話◎ 2529-1778　傳真◎ 2527-0904
總 編 輯—許婷婷
美術設計—程郁婷
著作完成日期— 2013 年 10 月
初版一刷日期— 2014 年 2 月
初版十一刷日期— 2021 年 10 月
法律顧問—王惠光律師

讀者服務傳真專線◎ 02-27150507
電腦編號◎ 415070
ISBN ◎ 978-957-803-898-1
Printed in Taiwan
本書定價◎新台幣 280 元 / 港幣 93 元